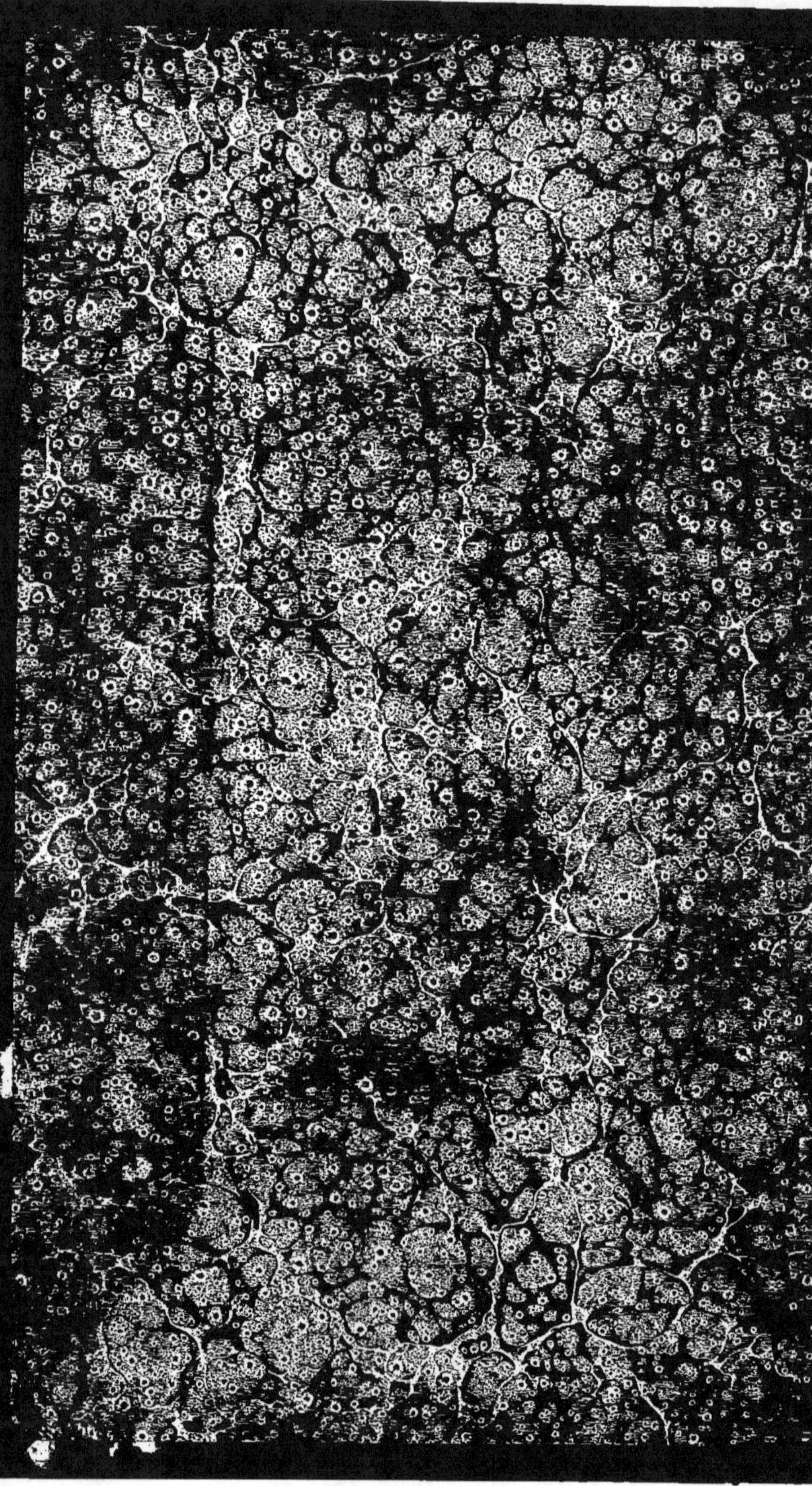

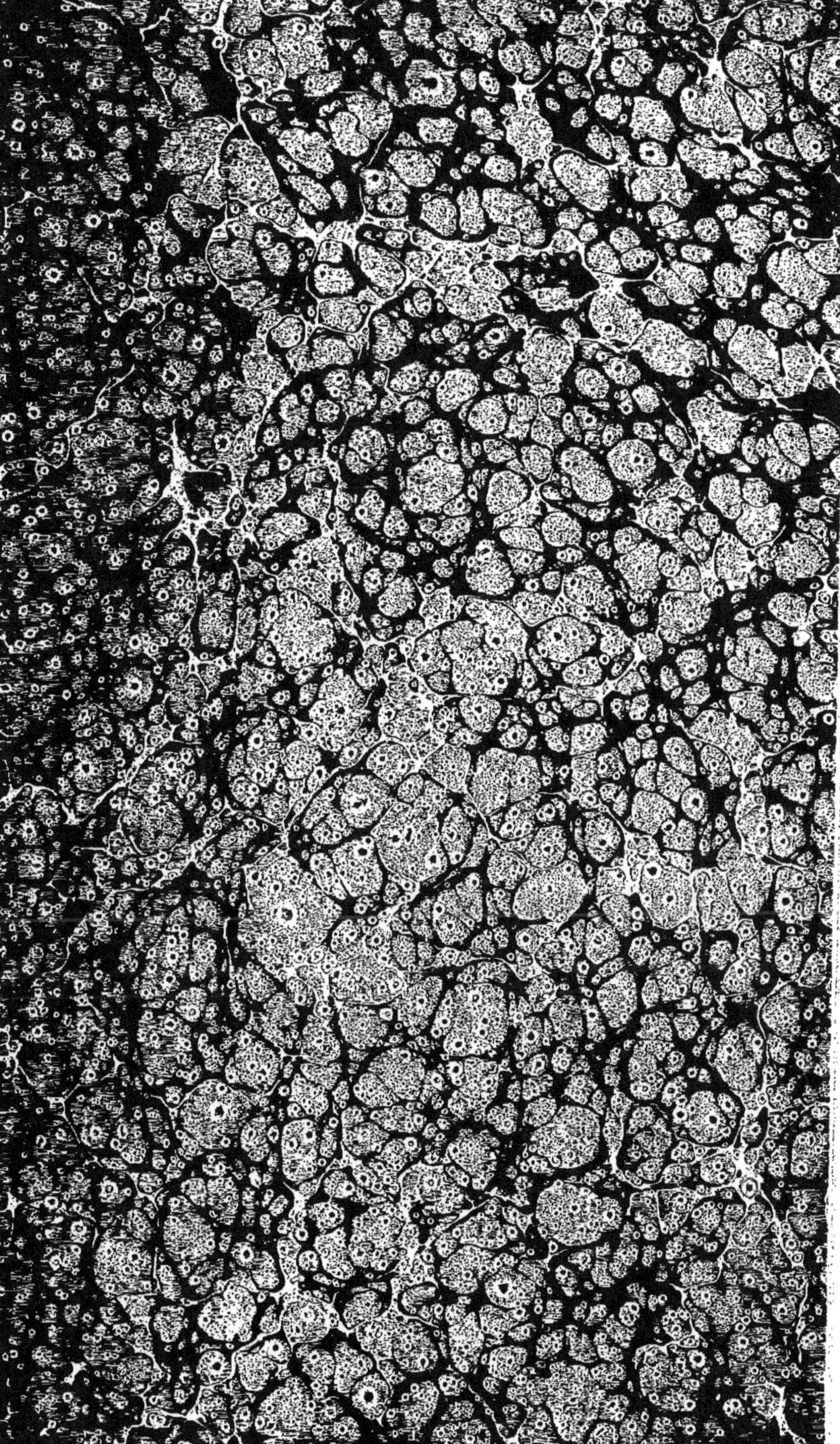

S

29320

CONCOURS

POUR LA PRIME DÉPARTEMENTALE

INSTITUÉE

EN FAVEUR DE L'AGRICULTURE,

En 1840,

Par Arrêté de M. le Préfet de l'Aveyron.

Rodez,

Imprimerie de Carrère aîné, libraire.

—

1841.

CONCOURS

POUR

LA PRIME DÉPARTEMENTALE D'AGRICULTURE

En 1840.

PREAMBULE.

La Société centrale d'agriculture a ordonné l'impression des Mémoires auxquels a donné lieu le concours ouvert pour la grande prime départementale. Elle a jugé que ces écrits plus ou moins nourris de faits, plus ou moins riches en aperçus neufs, vrais et applicables, méritaient tous d'être mis sous les yeux du public, et que leur ensemble formerait un recueil varié, intéressant et instructif. Là, chaque concurrent raconte ce qu'il a fait et ce qu'il a obtenu de ses travaux.

Or, qu'est-ce que la science agricole, si ce n'est l'histoire raisonnée des faits que la pratique produit, que l'observation recueille avec attention et classe avec méthode?

Mais en donnant au public ce recueil, on a pensé qu'il était à propos de le faire précéder de quelques considérations sur les motifs qui ont inspiré la création de cette prime, ainsi que sur ses résultats probables.

On ne s'arrêtera pas ici à démontrer l'utilité des primes, bien qu'il se soit trouvé des gens qui l'ont contestée, et que quelques-uns aient poussé la chose jusqu'à essayer de flétrir ce mobile par une expression de dédain et de ridicule.

Des faits éclatans réfutent assez toutes les critiques que l'on a faites ou que l'on peut faire à ce sujet.

C'est en accordant une somme de 2,400 fr. pour chaque métier battant que le grand ministre Colbert est parvenu à fonder les soieries de Lyon : et jamais, en France, argent ne fut mieux employé ni placé à un plus haut intérêt. Peut-être le parlement anglais a-t-il fait davantage lorsqu'il a soutenu, par des primes proportionnées, l'entreprise colossale de Bakwel, qui avait pour objet la création de ces races perfectionnées qui ont si considérablement accru la richesse agricole et manufacturière de la Grande-Bretagne.

Les primes doivent avoir pour objet d'engager le peuple industrieux à sortir d'une routine que l'on juge vicieuse, et à tenter des innovations qui paraissent avantageuses au pays. Elles sont faites pour exciter le zèle, pour soutenir le courage et les forces de quelques-uns, pour attirer l'attention de tous. Les primes ainsi conçues sont toujours utiles, et, dans certaines circonstances, on peut dire qu'elles sont nécessaires.

Que l'on suppose un pays que les circonstances ont rendu essentiellement agricole et où l'agriculture soit condamnée à lutter contre un terrain ingrat par sa nature intrinsèque, et plus encore par sa forme accidentée. Si ce pays a le malheur d'être entouré des contrées les plus fertiles du royaume, dont les produits avilissent les siens et l'accablent ainsi sous le poids d'une concurrence qu'il ne peut soutenir; si néanmoins ce pays trop dédaigné (comme l'est si souvent le mérite pauvre) renferme dans son sein des germes spéciaux de prospérité, qui n'attendent pour éclore qu'une main habile et hardie; si la routine des siècles y montre le spectacle triste d'une terre maigre, lentement et grossièrement déchirée par des bœufs et des hommes plus maigres encore; si toutefois l'observateur attentif remarque que la population ne manque ni d'activité ni d'intelligence; qu'elle a fait déjà quelques pas hors de la routine, et que si elle hésite à franchir le dernier, celui qui doit être décisif, c'est moins par un entêtement stupide que par une circonspection timide, bien naturelle et trop justifiée par les mauvais succès de quelques entreprises mal conçues et plus mal exécutées; si les esprits excités, éclairés par le zèle de l'administration et les soins de la Société d'agriculture, laissent apercevoir cette fermentation heureuse qui est le signe avant-coureur d'une

sage réforme , que faut-il pour mettre en jeu de telles dispositions et renouveler la face d'un tel pays? Une impulsion
appliquée à propos et qui soit assez puissante pour être efficace.

Or, tel est le département de l'Aveyron, et tel il s'est
montré au coup-d'œil rapide et sûr de M. le préfet. Ce ma-
gistrat aime l'agriculture ; il est dévoré du noble désir de
laisser dans cette partie, comme dans toutes les autres, des
traces profondes et durables de son administration. Délibé-
rant sur les meilleurs moyens d'utiliser les fonds que le ministre de l'agriculture pouvait mettre à sa disposition , il a
vu qu'en les disséminant par primes de mince valeur, il n'at-
teindrait que l'extrémité des rameaux , tandis qu'il faut vi-
vifier la racine de l'amélioration agricole. Il a senti qu'un
prix unique , assez considérable pour servir d'assurance
contre les pertes les plus probables d'une entreprise nouvelle,
qu'une grande prime présentée aux yeux de tous les agriculteurs du département , ferait naître une heureuse émulation et deviendrait le stimulant de ces opérations majeures
qui exercent une influence inévitable sur la richesse générale du pays.

C'est dans ces vues qu'a été fondée la prime départementale.

On peut objecter, à la vérité, que les améliorations agricoles ne sont pas de nature à être improvisées , et que l'application immédiate de la prime doit porter nécessairement
sur des faits accomplis; que, par conséquent, elle est, du
moins pour le moment , une récompense pour le passé plutôt
qu'un encouragement pour l'avenir. Cette difficulté inhé-
rente à la nature des choses n'a certainement pas échappé
au fondateur de la prime ; mais il a pensé que, pour la mériter, il faudrait s'être signalé par des innovations importantes et d'un intérêt général ; que, par conséquent, tombant
entre les mains d'un ami sage et intelligent du progrès agricole , il était infiniment probable que celui qui l'obtiendrait
se ferait un point d'honneur de la faire fructifier au profit
du pays, de la faire servir à introduire de nouveaux germes

de prospérité. Telle serait, par exemple, la création d'une race de porcs moins coûteuse à engraisser; ou, ce qui vaudrait cent fois mieux, la création d'une race de moutons douée de la propriété de tirer, d'une même quantité de fourrage, une quantité plus considérable de laine et de viande.

L'avenir justifiera probablement ces prévisions, et il démontrera que, dans l'institution de la prime départementale, les vues de l'administration ont été aussi justes que profondes.

ARRÊTÉ DE M. LE PRÉFET DE L'AVEYRON,

RELATIF

A l'institution et à la distribution d'une Prime départementale d'Agriculture.

Le PRÉFET DU DÉPARTEMENT DE L'AVEYRON, chevalier de la Légion-d'Honneur,

Vu la lettre de M. le Ministre de l'agriculture et du commerce, en date du 7 juillet dernier, qui, sur notre proposition, alloue une subvention spéciale de 1,500 fr. pour l'établissement d'une prime départementale d'agriculture;

Vu le procès-verbal des délibérations du Conseil général, session de 1840, qui, reconnaissant en principe l'utilité de la création de cette prime, vote une allocation spéciale de 500 fr. pour concourir, avec les subventions du gouvernement, à sa continuation en 1841;

Considérant que, si de tous les moyens d'encourager l'agriculture, l'institution des associations agricoles, sagement réparties sur tous les points du département, paraît être l'un des plus efficaces, leur action est néanmoins trop circonscrite, soit par la nature des choses, soit par la modicité des ressources dont chacune d'elles peut disposer; qu'il est cependant des cas pour lesquels l'intérêt de l'agriculture réclame un mode d'encouragement plus large et d'une utilité plus étendue; qu'il convient dès-lors d'aviser aux moyens de compléter dans ce sens l'œuvre d'amélioration si heureusement entreprise par la Société d'agriculture et les Comices; que tel paraît devoir être le résultat de l'institution d'une prime départementale annuelle, qui ne serait accordée que pour des objets d'une grande importance et d'une utilité applicable à tout le département;

Après avoir pris l'avis de la Société centrale d'agriculture, qui nous l'a donné dans sa séance du 15 novembre dernier,

ARRÊTE :

ARTICLE PREMIER.

Il est établi, sous le nom de *prime départementale*, et au moyen des subventions spéciales du gouvernement et du département, une prime annuelle de 1,500 fr. qui sera accordée au propriétaire qui aura réalisé, soit sur l'invitation de la Société centrale d'agriculture, soit de son propre mouvement, dans l'année ou dans les années précédentes, à ses frais, risques et périls et au moyen d'avances considérables, conformément au programme qui sera dressé chaque année, à cet effet, l'expérience, l'innovation ou le perfectionnement jugé le plus utile aux progrès de l'industrie agricole dans le département, et à l'instruction des cultivateurs.

ART. 2.

La prime départementale sera décernée par la Société centrale d'agriculture, sous l'autorité du Préfet, et par l'entremise d'un jury spécial composé de cinq de ses membres, choisis et désignés par elle, et d'un délégué de chaque Comice.

ART. 3.

Pourront concourir à la prime départementale de 1840, toutes les personnes qui satisferont aux conditions du programme ci-joint.

ART. 4.

Les concurrens fourniront un état détaillé des opérations qu'ils croiront propres à leur donner des droits à la prime. Ils le feront parvenir, d'ici au 15 janvier prochain, terme de rigueur, à M. le Préfet du département, qui en donnera communication au jury sus-mentionné. Cet état contiendra,

sous peine de rejet, le compte des frais et des profits, soit
constatés, soit présumables.

ART. 5.

Le jury, composé comme il est dit ci-dessus, se réunira
le 17 janvier prochain, et, après avoir nommé un président
et un secrétaire, il procèdera à l'examen des pièces remises
par chaque concurrent. Il prendra tous les renseignemens
possibles et emploiera tels moyens qu'il jugera convenables
pour éclairer sa religion. Le Préfet pourra prendre part à ses
travaux et présenter ses observations.

Neuf membres présens suffiront pour la validité des opérations ; ils pourront délibérer à la majorité relative.

ART. 6.

En cas d'absence ou d'empêchement de la part de quelques
membres du jury, le nombre de neuf au moins sera complété
au moyen des suppléans désignés à cet effet par la Société
d'agriculture et par les Comices.

ART. 7.

Les opérations du jury devront être terminées dans le délai de quinzaine, après quoi il fera connaître les résultats de
son travail, par l'organe de son rapporteur, à la Société
d'agriculture, dont le président, dans une séance solennelle
et spéciale, dont le jour sera ultérieurement fixé, décer-
nera la prime à celui des concurrens qui en aura été jugé
digne.

ART. 8.

Le rapport du jury devra être développé et présenter un
résumé, avec appréciation et par ordre de mérite, des titres
des divers concurrens, de tous ceux au moins qui présente-
ront un ensemble de travaux dont la connaissance pourra
être utile et fructueuse.

Art. 9.

Ce rapport, dont la minute sera déposée aux archives de la Société d'agriculture, sera immédiatement transmis en double expédition à la préfecture, avec une copie du procès-verbal de la séance, pour l'une être adressée à M. le Ministre de l'agriculture et du commerce, et l'autre rester déposée dans les archives de la préfecture.

Art. 10.

Le présent arrêté sera publié et affiché dans toutes les communes du département et inséré dans les journaux du chef-lieu. Il en sera transmis, en outre, un exemplaire à chacun de MM. les membres du jury et de MM. les présidens et secrétaires de la Société centrale d'agriculture et des Comices.

A l'hôtel de la Préfecture, à Rodez, le 18 décembre 1840.

Le Préfet de l'Aveyron,
L. DE GUIZARD.

PROGRAMME *relatif à la Prime départementale d'agriculture de 1840.*

La prime départementale de *quinze cents francs*, ainsi que cela résulte des termes mêmes de l'arrêté du 18 décembre courant, a surtout pour but d'encourager ces améliorations vastes et d'ensemble, ces entreprises grandes et hardies, qui se présentent entourées de difficultés et de risques, soit à cause de leur nouveauté, soit par la nature des choses, ou à cause des dépenses inévitables qu'elles doivent entraîner, et demandent des avances considérables, dont la rentrée peut paraître incertaine ou tardive.

On n'aura égard qu'aux opérations qui, conçues avec intelligence , auront été exécutées avec économie, et c'est dans ce but qu'une des principales conditions imposées aux concurrens est de joindre , à l'appui des titres qu'ils auront à faire valoir , un compte exact des frais avancés et des produits obtenus, un compte , en un mot , d'où résulte clairement la réponse à la question de savoir si *l'affaire a été bonne.*

On considérera , en outre , et avant tout , leur point de contact avec l'intérêt public et leur influence constatée ou du moins présumée sur l'amélioration générale du bien-être des cultivateurs et sur l'accroissement des richesses du pays : car , qu'un homme se présente et dise qu'il a bien fait ses affaires , en usant plus en grand que bien d'autres , des moyens connus et pratiqués de tout le monde , on pourra lui demander en quoi il a servi ou instruit le public , et lui dire que ce qu'il y a de particulier dans sa méthode , c'est le bonheur de sa position , c'est l'avantage d'une fortune déjà acquise.

On tiendra grand compte sans doute de l'ensemble méthodique des améliorations entreprises et de la combinaison de plusieurs cultures-modèles , mais sans néanmoins exclure celles qui , quoique isolées ou limitées quant à leur but , constitueraient un véritable progrès de l'industrie agricole.

C'est ainsi que l'introduction, dans le département, de nouvelles races ovines jugées les plus propres à l'amélioration des races indigènes et des croisemens bien dirigés de ces races diverses ;

Qu'une tentative semblable , dans l'intérêt de l'élève et de l'engraissement des cochons et de tous les autres animaux domestiques ;

Que l'introduction de quelque grande et coûteuse machine destinée à accélérer ou à économiser le travail, ou de quelque changement important dans les habitudes agricoles du pays , tel que le battage en grange ;

Que les plantations et semis d'arbres forestiers et notamment d'arbres résineux , sur les pentes ou crêtes nues de nos montagnes ;

Que les défoncemens profonds et étendus , exécutés avec

intelligence et par les moyens les plus économiques , en particulier sur un causse pierreux ;

Que de grands travaux d'irrigation ou le dessèchement des terrains marécageux pour la régénération des prés qui appartiennent à cette catégorie , sur une échelle un peu considérable et proportionnée à l'étendue de la ferme ;

Que les méthodes de culture perfectionnée pratiquées depuis un certain temps , ou telle branche particulière et nouvelle de l'industrie agricole , introduite avec un succès constaté ;

Et enfin toute autre innovation ou amélioration susceptible d'exercer une influence salutaire sur l'avenir agricole du département, pourront être admises au concours, l'administration n'entendant nullement restreindre , ni cette année, ni les suivantes, l'application de la prime à tel ou tel objet déterminé, mais désirant, au contraire, appeler au concours le plus de monde et le plus de choses possible.

PROCÈS-VERBAL

DES

SÉANCES DE LA COMMISSION INSTITUÉE POUR DÉCERNER LA PRIME DÉPARTEMENTALE D'AGRICULTURE.

Séance du 14 février 1841.

La commission nommée par la Société centrale d'agriculture, pour procéder à la distribution de la prime départementale accordée, sur la demande de M. le Préfet, par M. le Ministre de l'agriculture et du commerce, s'est réunie aujourd'hui, sur la convocation et sous la présidence de M. le Préfet.

Les membres présens sont :

MM. de Guizard, Préfet, Président ; Delauro, Ph. de Bancarel, Rodat (de Druelle), Vayssettes, Gally et G. de Cabrières, tous membres de la Société centrale d'agriculture ;

M. Guiraud, délégué par le Comice agricole de Saint-Affrique ;

M. Laquerbe, délégué par le Comice agricole de Sévérac ;

M. Mazuc, Président du tribunal civil de Rodez, délégué par le Comice agricole de Naucelle ;

M. Carel, délégué par le Comice agricole de Belmont, et M. Baduel fils, délégué par le Comice agricole de Laguiole.

M. le Président ouvre la séance et remet sur le bureau les Mémoires présentés par les concurrens ; ils sont au nombre de dix, savoir :

M. le lieutenant-général Tarayre, propriétaire à Billorgues ;

M. A. Rodat, propriétaire à Olemps ;

M. de Monseignat, propriétaire au Cluzel ;

M. Durand, propriétaire à Gros ;

M. Clauzel, propriétaire à Coussergues ;

M. Lescure, propriétaire à Lavernhe ;

M. Passelac, propriétaire à Aubignac ;

M. Solinhac, propriétaire à Buzeins ;

M. Cassagnes, porpriétaire à St.-Martin,

Et M. Gaujal de St.-Maur, propriétaire à Millau.

Ces Mémoires sont lus successivement avec la plus scrupuleuse attention ; chacun d'eux a donné lieu à une discussion longue et détaillée. On y a vu, avec plaisir, une foule de détails, d'innovations, d'améliorations neuves et variées, qui ont excité au plus haut degré l'intérêt des membres du jury.

Mais, considérant que l'on ne pourrait d'hors et déjà, faute de renseignemens nécessaires, procéder à la distribution d'une prime aussi importante, la commission a été unanimement d'avis qu'elle devait s'ajourner au mois de mai, époque où on pourrait juger de la beauté des récoltes, afin que ses membres pussent éclairer leur religion, relire les Mémoires présentés, peut-être aussi se transporter sur les lieux, afin de vérifier l'exactitude de tous les faits énoncés par les concurrens, et qu'ils se réuniraient de nouveau sur la convocation de M. le Préfet.

En consèquence, ils se sont séparés sans ajournement fixe, et ont signé le présent procès-verbal à l'hôtel de la Préfecture, le 14 février 1841.

> DE GUIZARD, préfet, *président du Jury;* G. DE CABRIÈRES, VAISSETTES, GUIRAUD, P. BANCAREL, B. BADUEL, J. DELAURO, LAQUERBE, MAZUC, CAREL, GALLY, RODAT (de Druelle).

Séance du 23 mai 1841.

Le jury spécial chargé de décerner la prime départementale, qui s'était ajourné jusqu'au mois de mai, s'est réuni aujourd'hui, sur la convocation et sous la présidence de M. le Préfet.

Les membres présens sont au nombre de treize. Onze assistaient à la première réunion ; ce sont : MM. de Guizard, Préfet ; Ph. de Bancarel, Rodat (de Druelle), Vaissettes , Gally ; Delauro , G. de Cabrières , Guiraud , Laquerbe , Mazuc et Baduel fils.

Deux nouveaux membres se sont présentés , ce sont :

M. Randon-du-Landre , délégué par le Comice agricole de La Cavalerie ; ce Comice n'a été constitué qu'à la fin du mois de février dernier ;

Et M. Emile de Suze , délégué par le Comice agricole du Mur-de-Barrez.

M. Carel est absent pour cause de maladie et s'est excusé.

La séance s'ouvre par la lecture du procès-verbal de la dernière séance , qui est adopté sans discussion.

M. de Cabrières lit le rapport qu'il avait été chargé de faire sur chacun des Mémoires présentés ; il a d'abord exprimé le regret qu'un sentiment de délicatesse , d'ailleurs fort louable, ait empêché M. Amans Carrier de concourir et de fournir un Mémoire sur l'industrie séricicole, qui eût inté-ressé tous les membres du jury.

Après la lecture de ce rapport , qui a offert une analyse succincte des travaux et améliorations agricoles de chaque concurrent, les nouveaux membres , qui n'assistaient pas à la dernière réunion , ont été appelés à prendre connaissance des Mémoires et se sont mis à même de prendre tous les ren-seignemens désirables, et dès lors le jury ayant déclaré qu'il était suffisamment éclairé , a décidé qu'il procéderait , par la voie du scrutin , à la distribution de la prime.

Sur l'observation faite par un membre , que l'on pourrait diviser la prime, M. le Préfet a pris la parole et a déclaré qu'il s'opposait à cette division, comme contraire à la pensée qui avait présidé à l'établissement de la prime , et que ce se-rait d'ailleurs détruire le prix d'un pareil encouragement. La prime ne sera donc pas divisée.

On émet aussi le vœu que le concurrent qui obtiendra la prime ne pourra pas en obtenir une seconde avant un délai de cinq ans au moins, et encore faudra-t-il qu'il justifie de quelque innovation ou amélioration qui aura fait faire des

progrès à la science agricole. Cette décision a paru trop équi-
table pour être contestée.

Cinq Mémoires ont principalement fixé l'attention de la
commission. Ce sont ceux de MM. Tarayre, Rodat, Durand,
Lescure et Monseignat. Toutefois, le Mémoire présenté par
M. le général Tarayre a paru trop succinct, pour pouvoir
apprécier ses cultures, dont plusieurs des membres présens
connaissent l'excellence, et le jury a exprimé le regret que
ce Mémoire ne fût pas plus précis et plus détaillé.

En conséquence, sur ces cinq concurrens, deuxont été
mis hors ligne ; ce sont MM. Rodat et Durand.

Leurs titres sont incontestables.

M. Rodat a depuis longues années, par ses écrits, par ses
exemples, par l'enseignement et par l'introduction des instrumens perfectionnés, donné l'impulsion à la science agricole. Ses innovations et améliorations, conçues avec intelligence, ont été exécutées lentement, il est vrai, mais avec la
plus stricte économie, ainsi que cela résulte de la comptabilité dont il donne un aperçu dans son Mémoire.

M. Durand, de son côté, s'est jeté dans ces entreprises
grandes et hardies, entourées de risques et de difficultés, et
ses efforts ont été couronnés d'un succès prompt, décisif et
qui a dépassé toutes ses espérances.

Le scrutin a été ouvert. M. Delauro, ayant déclaré qu'il
n'était pas suffisamment éclairé, s'est abstenu de voter, ce
qui a réduit à 12 le nombre des votans.

M. Rodat a réuni dix suffrages, et M. Durand deux.

En conséquence, la prime a été décernée à M. Rodat. Elle
lui sera délivrée par la Société centrale d'agriculture, en
séance publique, et cette Société déterminera le mode de
cette solennité agricole.

Comme toutes les fondations et institutions nouvelles,
alors même qu'elles sont d'une incontestable utilité, trouvent souvent dans leur première application des difficultés
qu'on ne saurait prévoir. La commission a éprouvé quelque
embarras dans sa manière de procéder, le programme fourni
pour le concours renfermait quelque chose de vague, d'in-

certain, qui doit avoir frappé tout le monde. Aussi la commission exprime-t-elle le vœu qu'à l'avenir, les conditions du concours soient, autant que possible, bien fixées, bien déterminées, mais cependant sans être exclusives.

Elle émet en outre le vœu que le programme de l'année prochaine renferme, entre autres objets, l'amélioration, par le croisement des races étrangères, de nos bêtes à laine, et le battage des céréales en grange, soit au fléau, soit à la machine à battre.

La commission émet le vœu que la Société centrale d'agriculture puisse faire les frais de l'impression de plusieurs des Mémoires présentés et du rapport qui en a offert l'analyse.

Avant de se séparer, les membres du jury ont fait une observation que tout le monde appréciera, c'est que parmi les dix concurrens qui se sont présentés, six appartiennent à la Société d'agriculture et trois se trouvent placés non loin du siége du Comice agricole de Sévérac. Ce résultat seul prouverait, si cela était nécessaire, que l'on ne saurait trop encourager l'établissement des Comices, et que les cantons qui sont encore en retard doivent s'empresser de se constituer en Sociétés agricoles, pour participer aux encouragemens qu'ils ne peuvent manquer d'obtenir.

Et le présent procès-verbal a été signé par les membres présens, le 23 mai 1841.

DE GUIZARD, préfet, *président du jury;* G. DE CABRIÈRES, VAISSETTES, B. BADUEL, PH. BANCAREL, GUIRAUD, H. MAZUC, J. DELAURO, LAQUERBE, RANDON-DU-LANDRE, E. DE SUZE, GALLY, RODAT (de Druelle).

RAPPORT DE M. DE CABRIÈRES,

AU NOM DE LA COMMISSION INSTITUÉE POUR DÉCERNER LA PRIME.

———

MESSIEURS,

En lisant les Mémoires qui nous ont été remis pour le concours de la prime départementale, vous avez été sans doute frappés des vues diverses et souvent nouvelles sous lesquelles les concurrens ont envisagé notre agriculture. Ici c'est la véritable culture du sol, là l'élève et l'engraissement des bestiaux ; d'un côté, la création de prairies naturelles ; de l'autre, l'industrie jointe à la culture, le semis, la plantation ou l'aménagement d'arbres de diverses essences. Chacun fait une agriculture éclectique appropriée au sol et au siége de son exploitation.

Nous devons voir avec un certain orgueil ce développement progressif et reconnaître que c'est particulièrement aux efforts constans de la Société centrale d'agriculture que sont dus les résultats que nous obtenons. Formée au sein de nos orages politiques, quel zèle, quelle persévérance ses membres n'ont-ils pas apportés dans la tâche qu'ils avaient entreprise ? quels sacrifices même ne se sont-ils pas imposés ? Ils ont toujours marché droit au but en inspirant à leurs successeurs cet amour des champs qu'ils possédaient à un si haut degré. Qu'il nous soit permis de rendre à ces hommes, qui tous ont disparu, cet hommage de notre reconnaissance commune, quoique tardivement exprimée.

Remercions aussi le chef de l'administration départementale qui, par sa persistance, a pu obtenir les encouragemens que méritent nos efforts. Attaché au sol qui l'a vu naître, il se souvient de ce qu'il lui doit, et dès-lors nos remercimens sont trop justes et trop mérités pour n'être pas unanimes.

Toutefois, Messieurs, exprimons un regret que vous partagerez sans doute. Le nombre des concurrens pouvait être plus considérable, et trois arrondissemens ont manqué à l'appel. Ce n'est pas sûrement que dans chacun il n'existe des hommes qui cultivent le sol avec profit et intelligence; mais, soit modestie ou indifférence, ils ont eu tort de ne pas nous faire part de leurs succès; il y eût eu pour nous profit et enseignement.

En nous associant au sentiment de délicatesse qui a fait retirer du concours M. Amans Carrier, nous regrettons qu'il nous ait privés d'un Mémoire sur l'industrie de la soie; nous l'eussions lu avec plaisir et intérêt. Propagateur intrépide, comme il le dit lui-même, de cette nouvelle branche d'économie rurale, il a obtenu des résultats tels qu'il est impossible, par quelque culture que ce soit, de retirer du sol une rente plus élevée. Félicitons-nous de ce que l'influence de cette nouvelle industrie se fait déjà sentir sur plusieurs points du département; elle augmentera les sources de notre prospérité agricole jusqu'ici resserrées dans un cercle trop étroit et trop uniforme.

Dix concurrens se sont présentés; nous allons mettre sous vos yeux les titres divers de chacun, ou plutôt vous offrir une analyse succincte des Mémoires dont vous avez pris connaissance.

Près du chef-lieu, nous trouvons d'abord le domaine d'Olemps, composé uniquement de terres à seigle. Là, par des travaux presque séculaires, trois générations ont amélioré, enrichi l'héritage. Les succès ont été lents, il est vrai, mais la plus stricte économie y a présidé. Des troupeaux sains et vigoureux, dont les élèves sont recherchés même par des étrangers, une belle et luxuriante végétation où l'on n'obtenait autrefois que des produits maigres et chétifs, attestent les soins continus et la judicieuse intelligence du propriétaire.

M. Rodat est le premier qui se soit, dans nos contrées, servi des instrumens perfectionnés, et il a eu en cela plus d'imitateurs que dans la création d'un assolement alterne, dont peu de personnes comprennent l'importance, bien que sans lui il ne puisse y avoir ni bonne ni profitable agriculture. Il

a le premier aussi envoyé son fils à la ferme-modèle de Roville, et il a établi à Olemps une fabrique d'instrumens perfectionnés, ce qui est d'autant plus méritoire que les peines
et les travaux qu'elle occasionne sont loin de compenser les
frais qu'a coûtés son établissement.

M. Rodat emploie, pour se rendre compte de ses opérations, une comptabilité simple et à la portée de tout le
monde. Un aperçu de cette comptabilité, que nous trouvons
dans son Mémoire, nous montre ce que lui a coûté l'établissement d'une prairie naturelle et les produits qu'il en a
retirés. Si tous les cultivateurs avaient le même soin, il est
probable, Messieurs, qu'ils n'éprouveraient pas tant de mé-
comptes et choisiraient parmi les branches de culture celles
qui offriraient les chances les plus certaines de bénéfices.

La ferme de Maroquiès, sise canton de Bozouls et entièrement composée de terrains calcaires, surtout de terres
blanches, dites *aubugues*, a aussi été soumise à un assolement alterne; elle est exploitée avec les instrumens perfectionnés, et M. Rodat se félicite tous les jours de l'excellence
des nouvelles méthodes qui se plient également aux terres
du *Causse* et à celles du *Ségala*.

Les frais extraordinaires de toutes les améliorations, de
tous les travaux exécutés par M. Rodat, y compris le séjour
de son fils à Roville, s'élèvent, d'après l'état fourni, à la
somme de 7,000 fr. Les produits en céréales se sont accrus de
300 à 600 hectolitres; le revenu d'Olemps s'est élevé successivement de 2,800 à 4,700 fr., et celui des deux fermes
d'Olemps et de Maroquiès a été augmenté dans la proportion
de 5 à 8 ou à peu près, résultat immense qui répond assez
aux détracteurs des innovations bien entendues en agriculture.

Toutes les branches de l'économie rurale ont presque été
embrassées par M. Rodat. C'est ainsi qu'il a exécuté des
plantations et des semis d'arbres de diverses essences, qui
tous lui ont également réussi.

A peu de distance d'Olemps et dans un pays naguère presque sauvage, est situé le domaine du Cluzel, appartenant à

M. de Monseignat. Les terres à seigle qui composent la ferme promettent aujourd'hui de belles et brillantes récoltes. Le propriétaire, ancien élève de Roville, met dans ses travaux des soins presque minutieux. Les chemins d'exploitation, neufs et bien entretenus, les bâtimens de la ferme nouvellement construits, ont, dans le temps, fixé notre attention. Nous avons surtout remarqué un vaste hangar sous lequel ils trouvent de nombreux toits à porcs : ils sont très aérés et très salubres, et jamais il n'y a de malades. M. de Monseignat a d'ailleurs spéculé en grand sur les éléves de ces animaux qui ont toujours parfaitement réussi au Cluzel.

Bien pénétré que l'agriculture doit être éclectique, M. de Monseignat a annexé à son exploitation un tordoir à huile, un moulin à cidre, une féculerie de pommes de terre. Ces petites usines, mues séparément ou simultanément, pendant l'hiver, par les vaches de la ferme, et dans les temps perdus, nous démontrent l'intelligence du propriétaire qui dirige cette exploitation.

Plusieurs pièces de terre du Cluzel ont été chaulées, malgré le prix élevé de la chaux, et les résultats obtenus ont été satisfaisans. Les bienfaits de cet amendement appliqué dépuis quelques années, se font déjà sentir sur les sols qui l'ont reçu ; espérons que cet exemple ne sera pas perdu pour les propriétaires qui ont des terrains de qualité semblable.

Les instrumens perfectionnés sont les seuls en usage dans la ferme du Cluzel, soumise aussi à l'assolement alterne.

M. de Monseignat a fait de grandes et nombreuses plantations dans la ferme du Puech, située près de Rodez : 13 hectares de terre sont occupés seulement par des mûriers d'une belle venue.

Les frais de ces travaux ont dû être considérables, puisque la plantation des mûriers a nécessité, dans une pièce de terre de la contenance de 4 hectares, un défoncement qui a coûté 4,000 fr., et l'établissement des petites usines 6,000 fr. ; mais M. de Monseignat, bien que sûrement ses dépenses aient été bien entendues, nous a mis dans l'impossibilité d'apprécier les bénéfices qu'il a pu retirer de ses frais dont il n'a pas fourni un état.

Vous avez sans doute parcouru, Messieurs, la route de Rodez à Marcillac ; au milieu des secs et pierreux pâturages qu'elle sillonne, vous avez aperçu une route nouvellement tracée ; elle conduit à Billorgues, domaine exploité depuis 17 ans par M. le général Tarayre, aujourd'hui président de la Société d'agriculture.

Nous devons regretter que son Mémoire, aussi plein de choses et de résultats que simple et modeste dans sa rédaction, ne nous ait pas mis à même de juger de l'excellence de ses cultures. Permettez-moi de suppléer au silence du général. Les bâtimens de la ferme, par lui construits ou améliorés, sont sains, aérés, bien établis, mais sans luxe aucun. Bien persuadé que ce n'est pas de ce côté que doit briller l'agriculture, le général a porté ses soins et son intelligence au-dehors. Des côteaux arides, hérissés de rochers, sont couronnés d'arbres d'une belle venue ; les champs ont été épierrés, et les pierres ont servi à construire des chemins d'exploitation. On admirera surtout à Billorgues une prairie naturelle d'au moins 50 hectares, toute arrosable au moyen de divers réservoirs qui utilisent les plus petites sources. Cette prairie, créée dans un terrain rapide, offre la plus belle végétation et a procuré au général les moyens d'augmenter, dans une proportion fort élevée, les animaux domestiques servant à l'exploitation, et de porter ainsi les produits de cette ferme et de celle de Solsac, qui en forme une annexe, de 6 à 10,000 fr. Du reste, Messieurs, les soins de la culture n'ont été nulle part portés aussi loin. C'est par un assolement alterne libre que le général est parvenu à donner à ses terres un haut degré de fertilité, et il est le premier qui ait, dans nos pays, employé la betterave à la nourriture des bestiaux.

M. le général Tarayre n'emploie pas les instrumens perfectionnés, et nous devons lui rendre cette justice, c'est qu'il a trouvé le moyen de faire de belles cultures avec de mauvais instrumens. Il faut dire aussi que plusieurs des terres de Billorgues sont tellement pierreuses qu'il serait impossible d'y faire manœuvrer la charrue à versoir, dont d'ailleurs M. le général Tarayre reconnaît la supériorité.

Mais retournons sur nos pas et, après avoir traversé la riche plaine de Saint-Mayme, pénétrons jusqu'à Gros qui en forme l'extrémité. Ici nous allons à pas de géant. Il y a 20 ans à peine que Gros et Arsac étaient de mauvaises fermes, produisant peu et réputées non susceptibles de produire. M. Durand, à l'imagination toute méridionale, a changé la face de toute cette contrée. A des récoltes chétives, à des pâturages rares et de mauvaise qualité, il a fait succéder de riches céréales, des prairies naturelles et artificielles de la plus belle veuue; on se croirait transporté dans les vallées plantureuses de la Normandie, en parcourant les prairies que M. Durand a créées ou améliorées. Il n'a été arrêté par aucune difficulté dans la tâche qu'il avait entreprise. Il a fait extirper le roc dans les pièces qui en étaient hérissées; il a défoncé le terrain à une grande profondeur; il a, au moyen d'un barrage sur l'Aveyron, pratiqué un canal de 2,900 mètres de longueur pour arroser les prés, et, dans un domaine où l'on pouvait à peine entretenir quelques animaux, il a trouvé le moyen d'engraisser tous les ans 100 bœufs et 7 à 800 moutons. Les frais extraordinaires de l'établissement de ce canal se sont élevés à 9,000 fr., suivant l'état fourni par le concurrent. Gros et Arsac ont coûté 120,000 fr.; aujourd'hui ces deux fermes valent plus de 300,000 fr., et leur produit a suivi progressivement la valeur intrinsèque du sol. Une si grande prospérité agricole aurait lieu de nous surprendre si les faits n'étaient pas là pour attester les immenses résultats obtenus par M. Durand.

M. Passelac a, depuis 40 ans qu'il est propriétaire d'Aubignac, fait beaucoup et de belles choses. Son domaine se fait remarquer par des bâtimens d'exploitation bien entendus. C'est peut-être la seule ferme où toutes les constructions soient neuves et luxueusement établies. Des clôtures autour des divers héritages, de grandes et nombreuses plantations, voilà les travaux. Un troupeau de bêtes à laine nombreux et de la plus belle espèce du pays, une vacherie de 60 à 80 bêtes, des champs bien entretenus , une prairie naturelle créée dans un terrain très rapide , voilà les résultats. Reste à savoir si M. Passelac , par ce luxe de bâtimens , a élevé en proportion la rente du sol : il ne nous dit pas à combien se sont montés les frais extraordinaires par lui faits , et nous ignorons aussi les bénéfices qu'il en retire.

Produire plus, *dépenser moins*, tel est le problème que cherche à résoudre M. Clauzel de Coussergues, dans le Mémoire qu'il a présenté. Il exploite Coussergues depuis deux ans, et déjà il a commencé la régénération de l'agriculture tant soit peu arriérée de la contrée qu'il habite. Il se félicite beaucoup de l'introduction de la charrue *belge* qui paraît s'adapter au terrain qui compose sa ferme. Cette charrue que nous avons vue au concours, l'année dernière , bien que défectueuse, est cependant supérieure à l'araire indigène, et peut-être convient-elle mieux au Causse que la charrue rovillienne. Elle doit être d'un prix moins élevé , et cette considération doit être d'un grand poids pour nos cultivateurs.

Quant à la faulx à faucher les blés, importée aussi de Belgique , elle est connue dans le pays , mais probablement la difficulté de la faire agir convenablement l'a fait abandonner comme tant d'autres instrumens agricoles. Peut-être quand on la connaîtra mieux saura-t-on l'apprécier davantage, et M. Clauzel aura tous les honneurs de cette innovation.

Ce concurrent , comme d'autres cultivateurs , a bien fait d'adjoindre à son exploitation une couple ou deux de chevaux. Le travail de ces animaux est plus prompt , plus intelligent ; mais le bœuf , qui fait notre richesse , doit avoir le pas sur le cheval dans nos exploitations.

M. Clauzel a aussi importé de Belgique l'avoine noire de Hongrie. Il a obtenu de beaux résultats ; mais il lui arrivera ce que nous ayons tous éprouvé, c'est que dans peu d'années ces céréales étrangères s'abâtardiront par le contact avec les céréales voisines, à l'époque de la floraison , et qu'il lui faudra avoir recours à la Belgique pour renouveler ses semences. Ceci, Messieurs, peut convenir à un propriétaire riche qui a l'avantage de son argent comptant , mais non à un cultivateur économe, comme doivent l'être les propriétaires aveyronnais.

En général, M. Clauzel est un peu belge dans son agriculture. Il la traite comme une maîtresse, sans s'enquérir de ses infidélités. Heureux temps que celui des illusions! Je me rappelle qu'à mon retour de Roville, je rêvais aussi des récoltes fabuleuses : j'imaginais un climat fait exprès pour en favoriser la réussite. Il est vrai que je ne mettais pas en ligne de compte des hivers longs et tardifs, des sécheresses encore plus désolantes, et, par-dessus tout, les changemens si subits et si désastreux de notre température de montagnes.

Toutefois, rendons justice à M. Clauzel de Coussergues. Plus tard il recueillera le fruit de ses travaux, et nous le retrouverons sûrement dans la lice des primes et des concours.

M. Gaujal de St.-Maur rentre bien dans les conditions du programme, puisqu'une pièce de terre de la contenance de 17 hectares, qui lui a coûté d'achat ou d'amélioration un peu plus de 14,000 fr. , lui donne un revenu de plus de 3,000 fr. On croirait difficilement à un placement de 20 p. 0/0 en fonds de terre, si M. de Gaujal ne nous affirmait la sincérité de ce produit phénoménal. Sans doute, les fourrages (car c'est d'une prairie qu'il s'agit) sont d'un prix exorbitant dans le canton de St.-Beauzély, pour obtenir du sol une rente aussi élevée.

M. Cassagnes, de St.-Martin, souvent primé par le Comice de Sévérac, a aussi des droits à une mention particulière. Il a amélioré l'espèce, d'ailleurs si belle, de nos bêtes à cornes. Il a créé, pour y parvenir, des prairies artificielles de diverses espèces, et il a aussi tiré un grand parti de l'aménagement de 8 hectares de bois de haute futaie, qui lui rapportent plus de 2,000 fr. par an.

M. Solinhac, maire de Buzeins, a exécuté de grands travaux d'irrigation; par des défoncemens ou des transports de terrain, créé des prairies naturelles d'un produit très avantageux. Moins heureux cependant que M. de Gaujal, il a fait un placement de 6 p. 0/0 en fonds de terre : son exemple est bon à suivre et atteste son intelligence agricole. Que ses

voisins imitent donc M. Solinhac, puisque leur position to-
pographique leur permet de faire de grands travaux d'irrigation qui lui ont été si profitables.

Nous devons à M. Lescure, de Lavernhe, une innovation
des plus heureuses pour notre avenir agricole : à lui l'honneur d'avoir introduit chez lui le battage des grains au fléau,
au lieu de la méthode barbare de la dépiquaison avec les
chevaux. Vous savez, Messieurs, combien la Société d'agriculture favorise des innovations de ce genre. Faisons donc
des vœux pour que l'exemple de M. Lescure trouve beaucoup
d'imitateurs. Il n'y a pas loin de là à l'établissement des ma-
chines à battre, qui opérerait tout une révolution dans nos
exploitations.

M. Lescure a aussi retiré, d'une seconde coupe de trèfle,
quinze cents fr. de graines, sur une étendue de 4 hectares.
Il dirige d'ailleurs sa ferme avec beaucoup de soin : aucun
détail n'échappe à sa surveillance, et nous devons le remer-
cier des détails piquans que contient son Mémoire.

Me voilà, Messieurs, arrivé au terme de mon travail. J'ai
présenté une analyse succincte de chaque Mémoire, et je dois
dire que si j'ai oublié quelques détails, cet oubli ne saurait
nuire à personne, ayant, autant que possible, fait ressortir
ce qu'il pouvait y avoir d'utile à chaque concurrent.

Nous n'avons pas d'ailleurs besoin, Messieurs, de nous
étendre longuement sur les avantages immenses que donnera
à notre avenir agricole la fondation de la prime que nous
allons distribuer. Prions le chef de l'administration départementale de faire soigneusement conserver dans les archives
de la préfecture les Mémoires qui ont été présentés. Cette col-
lection de souvenirs sur notre agriculture sera un jour bien
curieuse à compulser. On verra d'où nous sommes partis et
où nous pouvons arriver. Chaque année nous apportera un
progrès, quelque nouvelle découverte, quelque renseigne-
ment utile. C'est ainsi, Messieurs, que nous rendrons au
pays des services et que nous atteindrons le but où doivent
tendre nos efforts, d'améliorer le sol, accroître notre prospérité agricole et enrichir nos contrées jadis si pauvres et si
malheureuses.

MÉMOIRES PRÉSENTÉS AU CONCOURS.

Rapport sur les améliorations agricoles exécutées par M. *Rodat*, d'Olemps.

Qu'avez-vous fait de nouveau, d'inusité, qui soit de nature à donner une impulsion aux progrès de l'art agricole et à exercer une influence notable sur la richesse du pays?

Telle est la question adressée aux concurrens par MM. du jury chargés d'adjuger la prime départementale.

Voici ma réponse :

J'ai osé entreprendre et j'ai exécuté avec succès, de toutes les innovations utiles et raisonnables, la plus difficile, la plus importante, la plus féconde en conséquences, celle, en un mot, qui est la base la plus solide de toutes les améliorations.

Je veux dire la réforme complète de tout le système agraire. Cette réforme consiste en ce qui suit :

1° A l'assolement usité dans le pays j'ai substitué un assolement libre, basé sur les prairies et les pâtures artificielles, comme aussi sur la culture des racines, des légumes et autres récoltes établies par lignes espacées, avec sarclage.

2° Attendu que, du moins sur un Ségala tel que le mien, ce système d'exploitation était impraticable comme trop dispendieux, exigeant une perfection dans les préparations de la terre, qu'on ne peut obtenir des moyens ordinaires du pays qu'en s'adressant à la main-d'œuvre, et celle-ci étant fort rare et fort chère dans la localité que j'habite, j'ai eu recours aux instrumens accélérateurs du travail.

J'ai pris le parti d'organiser mon exploitation d'après les principes de la culture perfectionnée.

Ce pas a paru d'abord trop hasardeux à bien des gens et peut-être à tout le monde. On va voir s'il était bien calculé.

Il faut avouer que l'on me faisait des objections très plausibles, et que réellement les difficultés pouvaient paraître insurmontables. La cherté des instrumens perfectionnés, la

nécessité de les faire venir de loin, la maladresse et la mauvaise volonté des domestiques, la nature réfractaire du
sol, etc., etc. : voilà ce que l'on m'opposait, et l'on ne me
disait rien que je ne me fusse dit à moi-même.

Je sentis que, pour réussir dans mon dessein, il n'y avait
qu'un moyen : c'était d'envoyer un de mes fils à l'institut
agricole de Roville, non pas tant pour y apprendre une
théorie, qu'il aurait sans doute apprise sans sortir de la
maison de son père, mais pour y étudier ces détails de pratique et d'exécution qui, en agriculture, comme en tout
autre affaire, sont la condition *sine quâ non* du succès. L'ob-
et principal de sa mission était de s'instruire dans la fabrication, la direction et l'emploi opportun de tous les instrumens perfectionnés.

Je sentis que je faisais bien peu pour moi et rien pour le
pays, si je n'établissais la fabrication de ces instrumens.
Après avoir quelque temps essayé d'enseigner cette fabrication à des ouvriers de la ville, je me vis forcé d'annexer une
forge à mon exploitation.

Dans la nouveauté de cette fabrication, les ouvriers les
plus habiles réussissaient rarement à donner aux instrumens,
et surtout à la charrue, les inflexions convenables et ce je ne
sais quoi dont dépend la libre allure. Il fut démontré que,
pour atteindre mon but, il fallait se mettre à portée de sur-
veiller le travail du forgeron et d'en faire l'essai sur le terrain. En conséquence, je me résignai à établir chez moi un
atelier de fabrication et à m'imposer la dépense d'un forgeron à gages.

Dans cette entreprise, qui avait un côté d'utilité publique,
j'avais droit d'espérer, de la part du public, un peu de reconnaissance, ou du moins un peu d'approbation. J'ai été
contrarié et peu encouragé. J'ai eu besoin d'user d'une
constance à toute épreuve.

Voici l'état des frais de toute espèce occasionnés par mon
nouveau plan d'organisation de la ferme, et qui forment la
première mise de fonds du système perfectionné tel que je
l'ai établi :

1º Voyage et séjour à Roville............... 4,000 fr. » c.
2º Achat des premiers instrumens pris à Ro-
    ville............................... 460 »
3º Etablissement de la forge............... 421 60
4º Frais de modèles, de voyages et autres pour
    établir le moulage des charrues en fonte... 250 »
5º Faux frais pour maladresse des ouvriers et
    des domestiques......................... 300 »
6º 7 charrues en fonte fabriquées dans mon
    atelier, à 65 fr......................... 455 »
7º 4 herses à deux colliers, à 48 fr. chaque.. 192 »
8º Une herse à quatre colliers............. 80 »
9º Un rayonneur avec avant-train......... 72 »
10º Une charrue à rigoler................. 36 »
    (*N. B.* C'est une vieille charrue qu'on a ré-
    parée et agencée *ad hoc.*)
11º Une charrue à butter................. 55 »
12º Un Etaupinoir pour niveler les prés et
    abattre les taupinières................. 30 »

——————————

Total............... 6,551 60

(*N. B.* Les semoirs sont compris dans l'article des achats
faits à Roville.)

Mais ce n'est pas là toute la dépense; car, bien que le
bœuf soit pour notre pays l'animal du labourage, le système
perfectionné exige qu'on lui donne pour auxiliaire le cheval.
Celui-ci, plus intelligent et plus agile, est plus apte à exécuter les travaux légers qui dépendent de la herse, de la houe
à cheval et du rayonneur. En conséquence, j'ai fait entrer dans
mes attelages une couple de chevaux. Cette dépense revient,
avec les harnais et autres accessoires, à onze cents francs; ce
qui porterait la première mise de fonds à sept mille six cent
cinquante fr.; mais il faut en déduire, pour la valeur d'une
paire de bœufs, dont les chevaux ont pris la place, six cents
francs.

Soit une somme ronde de sept mille francs. Voilà ce que

mon entreprise a ajouté au capital circulant de mon exploitation.

Ce compte requiert quelques observations.

1° Je ne parle pas des approvisionnemens pour ma forge, lesquels se sont portés à une somme de trois mille francs environ, parce que cette dépense est relative à la fabrication des instrumens de vente et ne doit pas compter dans le capital de l'exploitation. Je dirai plus bas un mot de ma fabrique et de son utilité.

2° Je porte deux dépenses qui peuvent paraître au premier coup-d'œil un double emploi, savoir : les charrues achetées à Roville et ensuite celles que j'ai fait fabriquer. Celles-ci, dira-t-on, doivent entrer dans les frais annuels d'entretien et de renouvellement, et non dans la première mise de fonds.

Cela serait vrai, si les charrues achetées à Roville, lesquelles avec le port m'ont coûté 120 fr. pièce, avaient fait un bon service ; mais, soit à cause qu'elles étaient trop minces pour nos terres, soit par la maladresse ou la malveillance des domestiques, elles ont été si souvent brisées et rapetassées, elles ont duré si peu de temps, que je crois pouvoir les porter en pure perte. Il n'en est pas de même des semoirs et de la houe à cheval, lesquels sont compris dans les 460 fr. attribués aux achats faits à Roville.

3° Les 300 fr. portés pour maladresse des ouvriers et des domestiques sont relatifs aux premiers essais de fabrication, aux charrues mal emboîtées, mal ajustées, à la perte de temps qui en est résultée, aux fontes cassées, etc.

Je ne parle point des soins, des fatigues, du temps dépensés par moi-même et plus encore par mon fils, quoiqu'en bonne comptabilité, tout cela dût être évalué comme si c'eût été le travail d'un chef de service salarié.

Ainsi donc, le capital employé dans mon entreprise se porte, comme il est dit plus haut, à 7,000 fr., dont l'intérêt à 5 p. 0/0 est de 350 fr.

Voyons à présent quels ont été les résultats de cette nouvelle manière de faire valoir les terres.

Sur les terres labourables non gazonnées, j'économise une

raie, et sur les terres gazonnées, sur les défrichis de vieux fourrages artificiels, j'en économise deux, et si l'on regarde à l'ouvrage, il est vrai de dire que j'en gagne plus de trois.

Je trouve que mes charrues, combinées avec les herses, la houe à cheval, l'étaupinoir, le rigoleur et le rayonneur avec les semoirs, me procurent une économie, sur les frais de culture, d'environ quinze cents francs par an.

Ces instrumens m'ont affranchi de la nécessité de bailler à mi-fruits, pour les grains de mars, mes terres fortes du Causse ; et, sur le Ségala, je ne suis plus asservi aux colons partiaires pour le binage des pommes de terre.

Cette circonstance a amené les résultats les plus considérables. Dans les années les plus disetteuses en fourrages, tandis que la plupart des propriétaires voyaient dépérir leur bétail, ou achetaient du foin au poids de l'or, je nourrissais le mien avec des racines.

Si, d'un côté, mon système a diminué les frais de culture, de l'autre, il a augmenté les produits. Pour se faire une idée de cette augmentation, il faut savoir qu'autrefois mon domaine d'Olemps donnait, une année portant l'autre, environ 300 hectolitres de seigle, tandis qu'on en semait 75. Aujourd'hui, on sème cinquante hectolitres et on en recueille de quatre cent cinquante à cinq cents. Deux fois, dans les dix dernières années, 50 hectolitres m'en ont donné 600. Sur les fonds les plus avancés dans l'amélioration, et à la suite d'un fourrage, le produit moyen peut être estimé à plus de douze pour un. Trois fois j'ai constaté un produit de vingt pour un. Joignez à cela une récolte moyenne de 4 à 500 quintaux métriques de pommes de terre, plus des récoltes en betteraves, en carottes, en légumes, en maïs, en colza, et l'on pourra se faire une idée approximative de l'augmentation de production qui résulte de mon système.

Mais le trait le plus saillant du succès obtenu par ce même système, consiste en ce que je suis parvenu à faire croître sur des terres à seigle fort mauvaises, lesquelles figurent à l'ancien et au nouveau cadastre dans la dernière classe, des fromens qui donnent habituellement dix grains pour un, et d'une qualité tout au moins égale aux plus belles du Causse.

L'aspect de mon bétail fait ressortir plus que tout le reste, peut-être, les effets de ma méthode améliorante. Les terres d'Olemps sont essentiellement réfractaires à la production des herbages. Le terroir de la plupart des champs est un gravier peu profond, étendu sur un banc de grès arkose. Cette disposition fait que mes terres ont également à redouter la sécheresse et les grandes pluies. Les eaux, retenues par la roche grèseuse, submergent facilement la couche labourable, et celle-ci, formée des débris de cette même roche, se dessèche promptement aux ardeurs du soleil, se durcit et s'encroûte. Cette nature de terre dévore le fumier avec une incroyable rapidité. On conçoit combien un terrain de cette sorte est peu favorable aux prairies artificielles et combien il faut d'art et de soins pour le disposer à ce genre de production. Les fourrages qui naturellement bravent la sécheresse, tels que la luzerne et le sainfoin, ne peuvent pas y croître, à cause que leurs racines y sont interceptées par le banc de grès qui se trouve ordinairement assez près de la couche labourable, laquelle est peu profonde.

Mes prés naturels sont très maigres et ils ne donnent guère que vingt-cinq quintaux métriques par hectare, une année compensant l'autre. J'avais, à la vérité, une assez grande prairie arrosable ; mais l'arrosement y était nuisible, à cause que le sol était imbibé d'une eau croupissante et ferrugineuse. Je dirai bientôt par quelle série d'opérations je suis parvenu à l'améliorer.

Il est clair que la nature avait condamné le sol que je cultive dans la commune d'Olemps à nourrir des bestiaux très médiocres et notamment des brebis de la race appelée ségaline. Je puis néanmoins montrer un troupeau qui tient un rang très distingué parmi les plus belles races du Causse. Mes autres bestiaux sont également dans un état florissant, notamment les bœufs de travail. Je cite ceci comme une preuve que mes charrues n'excèdent pas les attelages.

Pour mieux faire sentir les avantages de ma méthode améliorante, je dois donner un état des propriétés dont je dirige l'exploitation. Je possède deux petits domaines, l'un dans le Causse et l'autre dans le Ségala. C'est sur ce dernier qu'ont porté principalement mes efforts d'amélioration.

Le domaine d'Olemps se compose, en terres labourables, de 79 à 80 hectares; de 22 hectares en prés, et en bois ou terres vaines en pente escarpée, de 28 hectares.

Sur les 80 hectares de terre labourable, soixante seulement méritaient ce titre; les autres étaient de mauvaises dévèzes ou des landes couvertes de genêts épineux, appelés *babissés* en patois. Dans les champs les meilleurs, se trouvaient des portions considérables, dites *moulencs* dans l'idiome du pays, qui présentaient des lacunes considérables dans les récoltes, pour peu que l'hiver fût rigoureux. J'ai fait disparaître à peu près ces mauvaises terres, puisque c'est sur des moulencs de cette espèce que j'ai obtenu des récoltes en froment de vingt hectolitres par hectare.

Ce résultat a été obtenu en partie par des fossés couverts, mais surtout par le labourage de mes charrues qui tend à faciliter l'écoulement des eaux.

Mes prés, d'une étendue assez considérable par rapport aux terres, sont si mauvais qu'ils ne donnent, une année dans l'autre, que de 70 à 75 voitures de foin. On voit combien il a fallu appeler à leur secours les fourrages artificiels et les racines.

Ce domaine ainsi composé ne produisait qu'une rente de 2,500 fr., bien que des experts habiles l'eussent portée à 2,800, et cela, sans doute, faute de prendre assez en considération les difficultés de transport dans un pays entrecoupé de ravins profonds.

Cette rente s'est augmentée progressivement et doit s'augmenter encore. Elle est aujourd'hui de 4,700 fr. En accordant l'exactitude de l'estimation de 2,800 fr., on trouve une augmentation de revenu de 1,900 fr. Cette augmentation porte presque en totalité sur les terres, les prés n'ayant été que peu améliorés, sauf la grande opération que j'ai déjà indiquée, que je viens de terminer et dont il sera rendu compte dans un moment. En divisant cette somme de 1,900 fr. par le

chiffre 80, qui exprime la contenance en hectares des terres,
on trouve que l'augmentation de revenu est de 23 fr. 50 c.
par hectare.

Je dois observer que cette amélioration était plus difficile
à obtenir ici que dans la plupart des autres localités, pour
deux raisons : 1° à cause de la nature des terres, qui, comme
on l'a déjà dit, manquent de fraîcheur, sont en général peu
favorables aux fourrages, et ont la propriété de dévorer le fer
et le fumier avec une avidité insatiable ; 2° à cause que le
domaine d'Olemps ayant été géré par les propriétaires eux-
mêmes, et j'ose dire avec soin et intelligence, il était en bon
état quand ma gestion a commencé ; il était même un peu
au-dessus du niveau de la routine. Rien ne prouve mieux
l'excellence de la méthode nouvelle que j'ai introduite. J'aurais obtenu une augmentation relative plus considérable si
j'avais succédé à des fermiers et à des propriétaires négli-
gens ou ignorans, si j'avais trouvé des champs mal travaillés
et une grande étendue de terres en friche, abandonnées par
l'ignorance et par l'incurie. Ma méthode, partant de plus
bas, aurait paru s'élever plus haut. Je l'ai mise aux prises
avec un bon cultivateur, et elle a remporté, dans l'espace
de dix ans, une victoire de 23 fr. par hectare. Si elle avait
eu à se mesurer avec de mauvais fermiers, son triomphe serait exprimé par un chiffre bien plus considérable, par 30
ou 36 fr.

Je ne dirai que peu de mots au sujet du domaine que je
possède dans le Causse. Celui-ci, étant dans son ensemble
d'une assez bonne qualité, avait moins besoin d'être amélioré. D'ailleurs, on ne peut pas tout faire à la fois, surtout
quand on a beaucoup d'affaires et point d'argent. Je ne l'ai
pas néanmoins négligé. Un tiers à peu près des terres labourables appartient à cette sorte connue dans le pays sous le
nom d'*aubugue* ou de *limagne*. Cette terre, forte, tenace,
est la plus méprisée dans le pays, comme l'attestent les ca-
dastres. J'ai montré à mes voisins l'art d'en tirer parti. J'y ai
établi de belles prairies artificielles, et en la faisant passer
par le tranchant de mes charrues et d'une herse à 4 colliers,
je l'ai aérée et j'en ai tellement changé la nature, que c'est

(35)

là que je trouve mes plus belles récoltes. En somme ; le revenu de mes deux domaines a été augmenté dans la proportion de 5 à 8 ou à peu près.

Dans le Causse je possède près de 40 hectares en terres labourables ; dans le Ségala , 80 ; cela fait à peu près 120 en tout. Dans le Causse, 10 hectares en prés ; dans le Ségala , 22 ; en tout 32. Ces prés, de part et d'autre, sont en général maigres et peu productifs.

L'an passé, par exemple, je n'ai fauché, dans mes prés de Marroquiès, que 16 charretées de foin ; mais j'en ai trouvé près du double dans mes prairies artificielles, et en outre une ample provision de pommes de terre a servi de supplément.

Quoique je sois un des petits tenanciers du canton de Bozouls, je n'ai jamais acheté pour Marroquiès ni paille ni foin. J'ai souvent fourni de la paille à mes voisins dans les années de misère : j'en dis autant de l'orge pour la nourriture des domestiques. Il serait vrai de dire que j'ai du foin à vendre, puisqu'ayant la station des étalons royaux , il n'est arrivé qu'une fois, si je ne me trompe, que du foin ait été acheté pour le compte du fournisseur.

Régénération d'un pré marécageux.

A présent il me reste à signaler et à décrire une opération importante que j'ai déjà indiquée plus haut d'une manière vague.

Répondant toujours à la question que j'ai posée en commençant, je dis que j'ai donné l'exemple, unique à ce que je crois, de la méthode la plus économique et la plus sûre d'améliorer les prés marécageux.

Au nombre de mes propriétés sises à Olemps se trouve un pré de huit hectares, suivant le cadastre, mais que j'ai réduit à six , en englobant dans d'autres pièces les parties hautes qui étaient d'une nature différente du reste.

Ces six hectares n'étaient qu'un marécage recouvert d'une pelouse grossière, aigre , à travers laquelle croissait le jonc.

Ce pré donnait de 12 à 15 voitures, soit 90 quintaux métriques (1) d'un très mauvais foin.

Voici le détail des opérations exécutées pour élever ce mauvais pré au rang des meilleurs :

1° On a pratiqué environ 3,000 mètres de fossés couverts pour évacuer les eaux malfaisantes.

2° Les eaux de source ont été en partie conduites, par des aqueducs souterrains, sur les points arides qui se trouvaient au milieu du marécage et, en partie, retenues dans des réservoirs où, quand il en sera temps, elles doivent être fécondées par le fumier et la chaux.

3° On a écobué, et, sur les cendres, on a planté des pommes de terre, qui ont été bien binées ; puis est venu un seigle, lequel a été suivi d'un second, afin d'exterminer plus sûrement le vieux gazon. Ce second seigle a été plus beau que le premier.

4° Le printemps suivant, après la récolte de ce seigle et un bon labour d'hiver, on a établi une récolte sarclée préparatoire avec forte fumure. Cette récolte était composée de betteraves, de carottes, de pommes de terre et de légumes.

5° On a semé, en 1840, sur céréales de printemps, un mélange de graines fourragères en fénasse, trèfle et luzerne.

La pousse naissante, nonobstant la sécheresse, a donné un fourrage d'automne si abondant qu'on peut prévoir pour l'année actuelle une récolte en foin ou regain de 60 voitures de 8 à 10 quintaux métriques, l'une dans l'autre.

Cette opération était grave. Quoique le pré fût peu productif en foin, sa nature marécageuse en faisait, pendant la saison sèche, un pâturage précieux. Il fallait le remplacer sous peine de désorganiser l'exploitation.

En conséquence, on a exécuté sur un champ de 8 hectares des travaux préparatoires considérables en fossés couverts, en épierremens, etc., et on l'a converti en prairie artificielle. Bien que cette opération ait été horriblement contrariée par une sécheresse inouïe (celle de 1832), elle m'a fourni 53 voitures de foin artificiel, des rations en vert

____

(1) Par quintal métrique, j'entends un poids de 100 kilogrammes, et non de 50, suivant l'usage de nos marchés.

très considérables et une dépaissance précieuse. Bref, mon bétail a été plus beau que de coutume.

Résumé.

I.

On voit, par ce qui précède, qu'en introduisant une méthode nouvelle et des instrumens nouveaux, je me suis placé dans le cas prévu par le quatrième alinéa de la page 7 du programme. On voit aussi, par la comparaison de la mise de fonds et du résultat obtenu, que si tous les cultivateurs suivent, autant que leur position le permettra, l'exemple que j'ai donné, le revenu territorial de la partie arable du département recevra une augmentation que l'on ne peut guère évaluer à moins d'une moitié ou d'un tiers en sus.

Il est assez notoire que j'ai eu un certain nombre d'imitateurs qui ont suivi mes traces jusqu'à un certain point.

Ils sont entrés avec aisance et sans péril dans une voie dont j'avais péniblement déblayé les abords, marqué et ouvert le tracé et arraché les épines.

Mes efforts d'amélioration ont commencé vers l'année 1806. En 1820, j'avais acquis déjà des idées arrêtées et mon plan commençait à prendre un certain développement. A cette époque, j'avais déjà établi par l'expérience mon système d'amélioration des mauvaises terres du Ségala, par l'écobuage combiné avec le fumier et par la création des dévézes artificielles en herbages-gazon.

Mais l'importante innovation qui fait l'objet de mon rapport, cette réforme du système agraire, qui a si heureusement changé ma position, a été conçue en 1826, commencée en 1827 et définitivement organisée en 1829, lorsque mon fils est revenu de Roville. Je noterai ici, en passant, que mon fils est le premier Aveyronnais qui ait paru dans cet institut agricole, et que peut-être mon exemple n'a pas été sans influence sur ceux qui ont pris le parti de procurer à leurs enfans la même instruction.

Je ne dirai rien de l'introduction des fourrages artificiels :

elle ne m'appartient pas. Mon père a introduit cette culture dans les environs de Rodez, vers 1785, à peu près à la même époque où M. Despradels l'a introduite aux environs de Millau. Mais je crois être le premier qui ait donné l'exemple de la culture en grand et de la culture méthodique de ces fourrages.

II.

En assainissant un pré marécageux et en le régénérant d'après les procédés de la bonne méthode, je me suis placé dans le cas prévu par le troisième alinéa de la page 7 du programme. Si mon exemple est suivi en ce point, il en résultera, pour les terroirs dits Ségala, une augmentation de richesse très considérable.

Voici le compte exact des frais et des produits de cette opération. Ce compte a été tenu et balancé année par année; mais il a paru plus commode de réunir ces comptes partiels en un seul. On a abloté les divers articles de dépense en un seul, lorsqu'ils se sont trouvés être de même nature. Ainsi tout le travail des employés de la ferme, dépensé dans les cinq ans qu'a duré l'opération, est présenté dans un seul article, ainsi des semences, etc., etc.

COMPTE

RUOL *(c'est le nom du pré)*.

Doit			Avoir		
Date.	fr.	c.	Date.	fr.	c.
1836. A caisse, main-d'œuvre pour fossés couverts et réservoirs.	127	75	1836. Par racines en magasin, pommes de terre, 56 voit. à 16 fr.	896	00
A dépenses de ménage, nourriture des ouvriers........	65	10	1839. Id. pommes de terre, 48 voit. à 17 fr...............	816	00
1837. A caisse, fumier acheté...................	15	75	Id. betteraves, 42 voit. à 12 fr.....................	504	00
Aux employés de la ferme, dans les 5 ans...........	783	28	Id. carottes, 18 voitures à 15 fr....................	270	00
Aux bœufs, id..............	733	98	Par dépenses de ménage, pois et haricots............	40	00
1840. Aux chevaux...................	281	00	Par bergerie, dépaissance, avant 1840............	172	00
A main-d'œuvre, moisson, salaire et nourriture.......	96	00	1837. Par grains en mag., seigle à mi-fruits, 21 hect. 2/3 à 15 f.	685	00
Au pré, pour sa part de rente pendant quatre ans......	1,200	00	Mi-fruits par fourrage en magasin, paille, 9,590 k. à 2 c.	191	80
A contributions......................	144	00	1838. Par grains en magasin, seigle, 119 hect. à 12 fr.......	1,428	00
A frais généraux....................	148	00	Paille, 19,180 kilogr. à 2 c. le kil.................	383	60
A mobilier rural....................	170	00	1840. Grains en mag., trémois, 18 hect. 3 doubles décal., à 16 fr.	297	60
A grains en magasin pour les semences.............	494	25	Id. orge à mi-fruits, 41 hect. 1/3, à 9 fr. l'hect....	372	00
A racines en magasin, pommes de terre pour planter..	100	00	Id. avoine, 10 hect. à 6 fr...............	60	00
A graines de racines et légumes semés.............	15	00	Fourrage en mag., paille de mars, 75 quint. métr. à 1 f. 20 c.	90	00
A fumier du domaine...................	200	00	1840. Par bêtes à cornes, 328 rations à 25 c., dépaissance...	82	00
A caisse, graines fourragères achetées..............	445	87	Bergerie, 200 brebis nourries 18 jours à 2 c. par tête..	72	00
	5,019	98		6,360	00
A balance, bénéfice.......................	1,340	02			
	6,360	00	A nouveau, profits.......................	1,340	02

Observations sur le compte d'autre part.

Ce compte donne lieu aux observations suivantes :

1° La rente ordinaire du pré mis en culture a été portée au débit, et il est clair que ce procédé de comptabilité est très essentiel quand on veut se rendre compte à soi-même. Cette rente a été un peu exagérée. Quinze voitures de foin joncacé à 20 fr., ce qui fait 300 fr., peuvent paraître une estimation trop forte; mais ce pré fournissait aux bêtes à cornes un pâturage d'été assez précieux, pour qu'on ait pu supposer que ce pâturage faisait plus que payer les travaux et les contributions.

On voit que pendant l'opération la terre a payé la rente du pré comme à l'ordinaire, et qu'après avoir payé aussi tant les travaux de dessèchement que les travaux de culture, elle a laissé un bénéfice de 1,340 fr.; d'où il suit que le produit net a été de 2,540 fr. Il est vrai que, pour compléter mon plan, il reste à dépenser une centaine de francs pour ajouter deux réservoirs aux quatre qui existent déjà et pour perfectionner ceux-ci.

Ce compte n'est pas, je crois, sans intérêt; il montre un exemple de cet art dont j'ai tant parlé dans mes faibles écrits, de cet art au moyen duquel on tire de la terre les capitaux nécessaires à leur amélioration.

Cet art est assez utile, surtout quand on est, comme nous sommes pour la plupart, sans argent disponible.

Mon intention est de rendre à mon pré en chaux, en fumier, etc., etc., les 1,300 fr. qu'il m'a prêtés.

2° J'ai annoncé plus haut une vigoureuse fumure. On peut être surpris de ne voir dans le compte qu'une dépense en fumier de 215 fr. Le fumier a été fourni par les colons partiaires qui ont cultivé les pommes de terre. Pour ma part, je n'ai fumé que les autres racines dont je m'étais réservé la culture.

3° Employés de la ferme. Je porte l'heure de travail à 12 centimes. Ce prix comprend le salaire et la nourriture. Celle-ci, dans les travaux extraordinaires qui demandent une ration de vin, est évaluée à 60 centimes par jour ; l'heure de travail d'une paire de bœufs est portée à 24 centimes, et celle du travail des chevaux à 20 centimes par collier.

On voit que la caisse a été ménagée, puisque je n'ai déboursé pour main-d'œuvre, dans les travaux de dessèchement, que la somme de 127 fr. 75 c. Dans cette somme se trouve comprise la construction de deux réservoirs. Si mes domestiques ont pris une part si considérable dans les travaux extraordinaires qu'exigeait le dessèchement du pré marécageux, sans mettre en souffrance les travaux ordinaires de l'exploitation, je le dois à mes instrumens perfectionnés. Le grand avantage de ces instrumens est de produire une économie de temps qui reflue naturellement sur les travaux de réparation et d'amélioration.

Tel est le rapport que j'avais à soumettre à Messieurs du jury agricole, touchant les opérations qui rentrent dans l'esprit du programme.

Je ne parle point des actes de bonne gestion qui ne sortent point du cercle des connaissances et de l'usage du pays.

Ainsi je ne dirai rien des constructions de bâtimens ruraux que j'ai exécutées, bien qu'elles pussent paraître considérables. Des experts en bâtimens les estimeraient 36 mille francs. Cependant je dois avouer qu'elles m'ont coûté beaucoup moins. Mes granges sont dignes de remarque à cause de l'économie dans la construction et de la commodité dans le service.

Dans mes diverses entreprises je n'ai nullement cherché à briller, parce que je suis convaincu qu'en agriculture le brillant et le solide marchent difficilement ensemble.

Je ne dirai rien non plus de mes nombreuses plantations en ormeaux, en frênes, en châtaigniers, en noyers, ni des semis qui ont donné naissance à je ne sais combien de chênes qui croissent dans mes haies de clôture.

Je pourrais citer à la rigueur un bois né de semence, qui est assez considérable et d'une belle venue, sur un précipice très escarpé. Mais ce titre partiel n'a de prix que tout autant qu'il se combine avec l'ensemble de mon système d'amélioration.

Voilà ce que j'ai fait, et je me suis mis en état de faire encore bien davantage. Je souhaite que, parmi mes concurrens, il s'en trouve plusieurs qui aient donné des exemples d'innovations plus profitables au pays. Je le verrai non-seulement sans jalousie, mais encore avec joie.

L'exposé qu'on vient de lire a pu paraître long; mais le programme demande des détails. Parmi ceux où je suis entré, il en est, je pense, quelques-uns qu'on n'aura pas lus sans intérêt.

Fabrique d'instrumens perfectionnés.

J'ai promis de dire un mot de ma petite fabrique d'instrumens perfectionnés. Les charrues tirées de l'atelier de Roville, plus propres à servir de modèles qu'à faire un bon service, se sont trouvées, à l'épreuve, trop faibles pour nos terres.

En conséquence, j'ai renforcé le modèle en doublant l'épaisseur de toutes les pièces et en employant des fontes et des fers de meilleure qualité. Néanmoins, je les ai mises à un prix inférieur. La différence du prix de fabrication au prix de vente établit un bénéfice minime ou même nul, puisqu'il n'égale pas toujours l'intérêt des sommes avancées. Ma fabrique a été, par rapport à moi, une affaire de nécessité, et, par rapport au public, un objet de patriotisme.

J'ai fourni aux amateurs quelques centaines de charrues, de herses, de houes à cheval. Je suis fâché que la majeure partie de ces précieux instrumens ait pris le chemin des départemens circonvoisins.

A Olemps, le 6 février 1841.   A. RODAT.

Mémoire de M. *Durand*, de Gros.

Passionné pour l'agriculture et ne pouvant donner un libre essor à mon penchant par la culture de quelques pièces éparses que je possédais dans les environs de Rodez, je résolus d'acheter un domaine exploitable d'une manière un peu régulière.

En 1819, le domaine de Gros, commune de St.-Mayme, canton de Rodez, fut à vendre. J'en fis l'acquisition, contre l'avis de mes meilleurs amis qui me représentaient que c'était folie de me mettre dans la nécessité de vendre des pièces de terre très productives, en achetant un domaine dont tous les exploitans, propriétaires ou fermiers, s'étaient ruinés.

En effet, une récolte de 30 charretées (189 hectolitres) de froment, obtenue sur ce domaine, était un événement religieusement conservé par ses traditions, comme extraordinaire; et presque jamais on n'avait récolté assez de blé de mars pour nourrir les travailleurs du domaine toute l'année. Cependant l'on y semait environ 80 hectolitres de tous grains.

Vingt hectares de pré, dont dix assez bons et dix de mauvais, étaient la principale ressource du domaine. Le restant se composait de 35 hectares de pâtures, 10 hetares de bois et 58 hectares de champ.

L'on nourrissait sur ce domaine 150 bêtes à laine au plus, huit à dix jumens ou vaches et trois paires de bœufs de labour, le tout fort médiocrement.

La faible production de ce domaine et le peu de valeur qui en était la conséquence sont constatés : 1° par une estimation d'experts de l'an 1819 et un extrait de la matrice cadastrale (voir ces pièces au dossier); 2° par la vente qui en fut faite en justice, à un sixième au-dessous du montant de ladite estimation, et ce en présence et après l'enchère de sept à huit concurrens.

Le domaine d'Arsac, qui aujourd'hui est réuni à celui de

Gros, était composé à peu près des mêmes élémens que ce dernier, avec un quart de contenance et d'infertilité de plus ; il avait mêmes attelages, même bétail. Ses produits étaient cependant moindres en céréales et en bestiaux. Sa réputation, avant que je l'exploitasse, était constatée par ce proverbe local : *Arsac, Arsaguet, Ste.-Radegonde, Istournet, tout ce pays-là ne vaut pas un p..;* et sa valeur, en 1821, est constatée par un rapport d'experts en forme. (Voir cette pièce au dossier.)

L'état de morcellement de ces deux domaines, qui en rendait impossible la culture régulière, est constaté par leurs plans géométriques. (Voir ces pièces au dossier.)

Suivre les erremens de mes prédécesseurs, m'eût conduit à une ruine certaine, à travers une série d'échecs qui auraient empoisonné mon existence. Ce n'était pas là le but que je me proposais. Un système nouveau pouvait seul me faire trouver des moyens d'existence et de bien-être dans les terres où s'était consommée la ruine de ceux qui en avaient méconnu les dispositions naturelles et qui étaient restés étrangers aux progrès de l'art agricole. Voici celui que j'adoptai :

1º Couvrir mes terres de végétaux, principalement de plantes fourragères vivaces, de manière à restreindre mes labours et toute la main-d'œuvre en général, tout en retirant annuellement et sans interruption aucune, un produit de chaque partie de ma terre et en augmentant sa fertilité ;

2º Utiliser pour l'établissement de vastes prairies, les sources qui jaillissaient dans mes terres, les ravins qui les traversaient et la rivière d'Aveyron qui les bordait ;

3º Débarrasser mes champs des pierres qui les couvraient et utiliser ces dernières à la réparation des chemins d'exploitation et à la construction de nombreuses galeries souterraines, destinées à assainir de nombreuses parties de champ et de pré où l'eau transpirait sans cesse ;

4º Réunir la foule de petits champs qui composaient mon domaine, et les débarrasser des clôtures qui en couvraient une grande partie, en même temps qu'elles faisaient obstacle au jeu des instrumens perfectionnés d'agiculture , etc. (1).

D'après ce système, je me mis, il y a 18 ans , à ensemencer les champs du domaine de Gros en avoine , avec divers fourrages vivaces (un mélange de trèfle et de fénasse) qui me donnèrent un excellent pacage pour les bœufs, les deux premières années; pour les vaches, la troisième et la quatrième , et pour les moutons , la cinquième et la sixième.

A mesure que je convertissais mes champs en pacages, je défrichai : 1º un pâturage de brebis; 2º un pâturage de bœufs; 3º cinq hectares de mauvais pré.

Tous ces pâturages ou prés ne me donnaient pas la moitié de l'herbe que j'obtins de pareille étendue des mauvais champs que j'avais ensemencés de fourrages. Cependant ils produisirent six belles récoltes de blé ou de pommes de terre, en six ans et sans fumier.

Durant cette première période de six ans , je concentrai mes fumiers sur cinq hectares de champ situés de manière à recevoir presque tous les égouts du domaine, et sur quelques terres vagues qui donnaient un aspect triste à l'habitation. Ces dernières terres devinrent fertiles, et lesdits cinq hectares furent convertis en prairie permanente et valent aujourd'hui huit fois ce qu'ils avaient été estimés. Je récoltai plus de blé qu'on n'en avait jamais eu sur ce domaine et je nourris plus de bétail. Les frais de culture ne furent nullement augmentés.

La sixième année, je commençai à semer des fourrages sur mes défriches. Elles me donnèrent six abondantes récoltes de luzerne et principalement de sainfoin. En même temps j'attaquai , en hiver , à la charrue de Roville, mes vieilles prairies artificielles qui me donnèrent : 1ʳᵉ année, une belle avoine, après un seul labour, semence recouverte à la herse ; 2ᵉ année, sur un seul labour avec bonne fumure, pommes

____

(1) Voir les développemens de mon système dans un article intitulé : *Quelle est la direction qu'il convient de donner à l'agriculture aveyronnaise ?* Ledit article inséré au nº de la *Revue de l'Aveyron* du 14 novembre, lequel se trouve au dossier.

de terre, maïs, etc. ; 3e année, sur un seul labour, orge recouverte à la herse, et divers fourrages, suivant l'indication du terrain. Je dérogeais à cette méthode à l'égard de quelques parties meilleures que les autres, que j'ensemençais en froment, la troisième année, et en orge et fourrage la quatrième.

Durant cette deuxième période, mes récoltes de céréales et racines augmentèrent, et je récoltai cent charretées de foin dans mes champs, sans compter celui produit par les cinq hectares convertis en prairie permanente dont j'ai parlé.

Dès la dixième année, mes champs, qui d'abord n'avaient donné que des prairies pâturables, commencèrent à donner des fourrages fauchables ; et je suis progressivement arrivé, au moyen de cette méthode, au point d'avoir constamment, sur le tiers de mes champs, de belles récoltes de céréales, pommes de terre, etc. ; sur un autre tiers, une récolte de fourrage pareille à celle des bons prés, et sur l'autre tiers, un pâturage pour les bœufs.

Sur le domaine d'Arsac, depuis dix ans je suis la même méthode et j'obtiens les mêmes résultats.

En même temps que j'introduisais cet assolement sur mes terres, j'opérais des épierremens que j'ai répétés presque partout et dont la dépense se porte, terme moyen, à environ cinquante fr. par hectare. Au moyen de ce, mes champs se fauchent avec la plus grande facilité et les instrumens perfectionnés y fonctionnent parfaitement. En outre de ce, les pierres qui dégradaient mes champs m'ont servi à rendre praticables mes chemins d'exploitation, et à faire de nombreuses galeries souterraines qui ont assaini mes champs et mes prés.

J'ai, en outre, fait six bassins destinés à rassembler des eaux de sources, afin de les utiliser pour l'irrigation. Cette opération m'a déjà donné des résultats avantageux, et je suis fondé à en attendre de plus grands encore. Je pourrais présenter plusieurs pièces de terre qui ont quintuplé de valeur au moyen d'un bassin, telles que le Vignal, le Champ de Paillas, etc.

Une dérivation du ruisseau d'Arsaguet m'a donné un résultat plus que double : elle a plus que décuplé le produit du champ dit La Coste, du pâturage dit le Tioulas, etc. Cette dérivation, qui n'a pas coûté plus de cent francs, a augmenté le produit annuel de plus de deux cents francs ; et le bassin construit à la cime du champ de Paillas, qui m'a coûté 150 fr., me rapporte 150 fr. par an. L'effet de plusieurs autres bassins plus nouvellement construits, sans être d'un résultat actuellement aussi avantageux, promet de l'égaler en peu d'années.

Enfin, j'ai opéré une dérivation de l'Aveyron, au moyen d'un barrage, dans un canal de deux mille neuf cents mètres de longueur, qui arrose une belle étendue, et dont les dépenses et les effets produits figurent dans le tableau ci-dessous.

TABLEAU GÉNÉRAL *des dépenses de construction du canal, d'achat du terrain qu'il occupe dans les propriétés d'autrui et de la valeur de celui occupé dans mes propriétés.*

Terrain acheté à

Demas mère,	15 perches 57 mètres	629 fr. 40 c.
Matou,	12	50	500	00
Molinier, veuve,	3	24	94	82
Julien, Pierre-Paul,	6	54	261	60
Julien, François,	5	00	100	00
Serin,	12	00	320	00
Ferran, Hippolyte,	4	80	192	00
Ferran, François,	4	86	194	40
Ferran, Baptiste,	5	22	208	80
Molinier, Paul,	9	23	184	60
Pougenq père et fils,	15	88	317	60
Combes,	26	27	525	40
Total du terrain acheté............	116	511	3,528	62

Report......	3,528 fr.	62 c.
Terrain occupé dans mes propriétés , 30 perches champ ou pâtures................	165	00
Total du terrain employé.............	3,693	62

État des frais de construction :

1º Indemnité pour extraction de la pierre du barrage, occupation de terrain , passage, etc. , payé à Matou........................ — 300 00

2º Barrage en maçonnerie , cubant 90 mètres (pierre et sable sur place , chaux faite à Gros) , à 6 fr. le mètre cube............. — 540 00

3º Pierre de taille des vannes et charpente. — 70 00

4º 2,400 mètres courans de canal, de 0 m. 60 c. de profondeur , 2 m. de largeur de plafond et 3 m. 20 c. de largeur à la surface , creusés dans la terre franche, à 75 c. le mètre courant................................. — 1,800 00

5º 300 mètres *idem* creusés dans le roc , à 2 fr. 50 c. l'un........................... — 750 00

6º 200 mètres *idem* dans la terre franche , de 2 m. de profondeur et 2 m. 50 c. de largeur , à 2 fr. 50 c. l'un.................... — 500 00

7º 700 mètres courans de mur à pierre sèche , construits aux dépens du moellon provenant du creusement du canal, à 1 fr. l'un. — 700 00

8º Petite vanne et barrage au ruisseau de Sansac.................................,...... — 25 00

9º Pont pour le passage du canal sur le ruisseau de Calmels....................... — 100 00

10º Neuf ponceaux sur le canal, à 36 fr. l'un................................... — 324 00

11º Changement de parties de chemin.... — 200 00

12º Déversoir de superficie à l'entrée des prés de Gros........................... — 36 00

Montant total du canal............. — 9,038 62

(49)

Tableau des améliorations produites par le canal.

1° Irrigation de 21 hectares 87 ares 28 centiares de pré,
laquelle a augmenté le produit en foin de quarante quintaux
par hectare (1) ou d'un total de 874 quintaux, montant, à 1
fr. 25 c. le quintal sur pied................ 1,093 fr. 30 c.

Plus, l'irrigation procure infailliblement
une deuxième coupe sur cette étendue, ce
qui triple la valeur des deuxièmes herbes ou
procure une augmentation de produit net
de 32 fr. par hectare, formant un total de...   699   84

2° Irrigation de 12 hectares 25 ares de
champ ou pâtures, estimés 400 fr. l'hectare
et portés, au moyen de l'irrigation, à un produit net de 84 fr. par hectare ou à une
augmentation de revenu de 70 fr. par hectare,
formant un total de......................   857   50

Total de l'augmentation du revenu... 2,650   64
Dont il faut distraire :

1° Intérêt à 5 0/0 de 9,038 fr. 62 c., mon-
tant de la construction du canal 451 f. 93 c.   501   93
2° Entretien annuel du canal   50   »

Reste une augmentation de produit annuel
net, pour bénéfice de l'opération........... 2,148   71

D'après le calcul ci-dessus, une mise de fonds de 9,038 f. 62 c.
m'a déjà procuré une augmentation de revenu net de
2,148 fr. 71 c.; et cette augmentation s'accroît sensiblement chaque année sans nouveaux frais (2).

(1) Cette évaluation, certainement inférieure à la réalité, sera évidem-
ment reconnue telle, si l'on considère que, dans les années de sécheresse,
qui sont assez fréquentes, l'augmentation de produit est incontestablement
plus que double.

(2) Les eaux de l'Aveyron n'ont pas seulement pour effet d'arroser, elles
engraissent en outre le terrain par le dépôt des matières végétales et ani-
males qu'elles charrient.

4

Mais ce résultat occupe une bien petite place dans le plan que j'ai conçu : un prolongement de 3,000 mètres de mon canal dans la terre franche, lequel ne coûterait pas plus de 3,000 fr., procurerait l'irrigation de plusieurs centaines d'hectares, dont 80 m'appartiennent, sans compter les effets du prolongement indéfini qu'on pourrait lui donner. Il reste, pour opérer cette amélioration, à vaincre la résistance d'un seul propriétaire, dont le terrain occupe une partie de la ligne que doit parcourir ledit prolongement.

De plus, près des bâtimens d'exploitation et au pied d'une butte de 45 degrés d'inclinaison, le canal a une chute de quatre mètres qui présente un moteur de la force de plus de cent chevaux, par la plus forte sécheresse, laquelle force peut être utilisée pour l'industrie et surtout pour fournir d'eau les bâtimens d'exploitation et pour arroser les jardins et une surface d'une quinzaine d'hectares attenant.

Je ne parle pas du poisson que pourra fournir ce canal, ni de la facilité qu'il donne d'élever des volailles aquatiques : ces petits avantages sont moins dignes d'entrer en ligne de compte, dans une entreprise agricole de cette nature, que la faculté extrêmement multipliée d'abreuver ses bestiaux.

J'ai utilisé les terres provenues de l'ouverture d'une partie de mon canal, pour établir une digue au bord de l'Aveyron, qui met une partie de mes prés à l'abri de l'inondation. Cet ouvrage, qui revient à 75 c. le mètre courant, rapporte plus de 25 p. 0/0.

Au moyen de semis d'avoine et de trèfle, que j'ai fait précéder de labours qui sont progressivement descendus à la profondeur de 34 centimètres, j'ai retiré dix abondantes récoltes en dix ans, sans aucune espèce d'engrais, de terrains estimés 320 fr. l'hectare, lesquels aujourd'hui seraient estimés plus de douze cents francs. Et je suis fondé à espérer qu'en portant successivement mes labours à 50 centimètres de profondeur, j'en retirerai encore quatre récoltes abondantes sans fumier, et une cinquième, au moyen d'une forte fumure, en orge mêlée de luzerne, laquelle me donnera trois coupes annuellement, pendant six ans, et portera cette terre à une valeur de 2,000 fr. l'hectare.

Un pâturage de brebis de quinze hectares, estimé 122 fr. l'hectare, je l'ai défriché; j'en ai retiré 18 bonnes récoltes de céréales, pommes de terre ou fourrage, en 18 ans, sans fumier; et au moyen des pierres que j'en ai enlevées, j'ai fait un chemin qui en rend facile l'accès, auparavant presqu'impossible, et qui, partageant le domaine, rend très aisées les communications entre ses extrémités.

J'ai déjà fait disparaître tous les rochers saillans de douze hectares de ce champ. J'avais eu une velléité de le défoncer de manière à avoir partout une couche de terre de 25 centimètres d'épaisseur; mais le défoncement de quelques ares me donna la certitude que, quoique le roc fût extrêmement coupé de fissures garnies de terre, et qu'il se détachât avec la plus grande facilité, il y aurait perte à se livrer à cette opération, puisqu'elle reviendrait à plus de 1,200 fr. l'hectare.

Je me suis donc borné à faire disparaître les crochets saillans et me suis réduit à faire exploiter par les sain-foins la terre des insterstices du rocher. Enfin, en employant annuellement à ces diverses opérations la moitié du revenu net de mon champ, j'ai porté sa valeur de 122 à 600 fr. l'hectare au moins.

J'ai fait des mouvemens considérables de terre, dans les momens où les travaux ordinaires de la culture chômaient. J'ai reconnu que les renflemens que l'on rencontre au fond des champs, d'où ils empêchent l'écoulement des eaux, offraient un bénéfice de cent pour cent à être transportés sur des éminences à cent mètres de distance. J'ai publié à ce sujet des calculs qui n'ont suscité aucune contradiction.

J'ai fait des expériences en grand sur l'application de la chaux à l'agriculture, et j'ai publié les avantages que j'en ai retirés, et signalé l'avenir de prospérité qu'elle promet à notre pays. Mais le monopole de la houille, exercé d'une manière déplorable par le concessionnaire général des mines de l'arrondissement de Rodez, qui a jugé à propos de laiser pendant quinze ans sans exploitation la mine de Sansac, ce monopole, dis-je, a réduit à chômer un four à chaux que j'avais spécialement construit pour l'amendement de mes terres.

Le défaut d'organisation du travail se manifeste par la duplicité de l'action employée pour obtenir un simple et chétif résultat. De tous côtés l'on voit quatre, cinq, six bergers occupés à garder les moutons qu'un seul garderait tout aussi bien; pour trois ou quatre personnes, un feu, une cuisinière qui suffiraient pour vingt, etc. L'on gaspille les forces, et l'on se plaint unanimement de la pénurie de travailleurs. Pour parer à ces inconvéniens, j'ai réuni la foule de petites pièces dont se composaient les domaines de Gros et d'Arsac, en grands champs de dix à cinquante hectares, où les instrumens perfectionnés peuvent facilement fonctionner et qui ne souffrent pas des brouillards qu'y concentraient les clôtures multipliées. J'ai fait de ces deux domaines un corps d'exploitation qui se rapproche des conditions normales peut-être plus qu'aucun autre département, car chaque fonction y absorbe l'activité de l'agent qui y est appliqué; et la disposition des terres permet l'application des instrumens accélérateurs qui réduisent la main-d'œuvre le plus possible; et les clôtures sont restreintes à la circonférence de l'exploitation qui, à très peu près, est formée d'une seule pièce.

En résumé, le résultat de mes diverses opérations agricoles est d'avoir, *sans avances et par l'emploi d'une partie des produits seulement, et de moyens que tout le département pourrait mettre simultanément en usage*, TRIPLÉ, en 18 ans, le produit du domaine de Gros ; d'avoir plus que DOUBLÉ, en dix ans, le produit de celui d'Arsac, et d'avoir mis en voie croissante de prospérité les trois cents hectares qui composent ces deux domaines.

L'on pourra se convaincre de ce résultat par la comparaison de la valeur actuelle de mes terres avec celle qui leur a été attribuée soit par le cadastre qui ne remonte qu'à une trentaine d'années, soit par deux estimations régulières ci-jointes, qui ont précédé de quelques années seulement ma mise à l'œuvre.

Si je devais parler de l'influence que j'ai exercée sur les progrès de l'agriculture, je dirais que je suis des premiers qui ont adopté les instrumens perfectionnés; que j'ai puissamment contribué à répandre et à perfectionner l'engraissement des bœufs et des moutons, et que je suis parvenu à engraisser annuellement, sur mon exploitation, plus de cent bœufs et sept à huit cents moutons, tandis qu'on y nourrissait médiocrement à peine trois cents bêtes à laine et une vingtaine de bêtes bovines ou chevalines de divers âges; je dirais que j'ai obtenu ce résultat en même temps que je portais le produit de mes céréales à 1,200 hectolitres, années communes, tandis qu'avant moi l'on y en récoltait à peine cinq cents.

Je dirais encore que, dans une question vitale pour l'agriculture, dans la question d'usage des cours d'eau pour l'irrigation, j'ai été aux prises avec les industriels de Rodez et de ses environs, meuniers, foulonniers, filateurs, etc., et qu'après une lutte de deux ans, je suis parvenu à détruire les préventions de l'administration et à faire reconnaître les droits de l'agriculture et la concordance de ses intérêts avec ceux de l'industrie. Une ordonnance royale du 12 octobre 1828 a autorisé la construction de mon canal.

La Société royale et centrale d'agriculture de Paris ayant mis au concours *les recherches sur la législation des irrigations*, je lui adressai un résumé des raisons que j'avais fait valoir pour obtenir l'autorisation de faire ma dérivation, et elle me décerna, le 7 avril 1839, la médaille d'or qu'elle avait promise au meilleur Mémoire.

Je crois pouvoir revendiquer la première idée de l'irrigation de la France au moyen de dérivations en grand, entreprises par le gouvernement. Cette idée, que j'ai émise dès 1820 et que j'ai développée depuis, à maintes reprises, a été, depuis quatre ou cinq ans, adoptée par plusieurs journaux, et a l'espoir d'un commencement prochain de réalisation.

La plus grande difficulté de l'agriculture, c'est, de l'avis de tous les cultivateurs, la mise en action des travailleurs.

J'ai publié un projet d'exploitation rurale dont le principal objet était de vaincre l'apathie des employés des fermes. Ce projet, qui a trouvé de l'opposition chez quelques personnes, a reçu l'approbation de beaucoup d'autres fort honorables, entre lesquelles je citerai M. le comte Louis de Villeneuve, qu'un âge avancé met à l'abri du soupçon d'enthousiasme irréfléchi pour tout ce qui est nouveau, que l'on reproche aux jeunes gens (1).

J.-A. DURAND.

(1) Le Mémoire ci-dessus énonçant des faits qui sont une démonstration matérielle de la valeur de mon système, c'est-à-dire de la possibilité de doubler, *en vingt ans*, le produit du département, je prie le jury de vérifier, par lui-même, la réalité des faits par moi allégués, lesquels ont, de mon propre aveu, une apparence d'exagération.

Lettre de M. *Amans Carrier* à MM. les membres du jury pour la prime départementale.

⸛

Rodez, le 15 février 1841.

MESSIEURS,

Des considérations personnelles, que j'ai cru m'être inspirées par un sentiment de haute convenance, m'ont décidé à ne pas me présenter au concours pour la grande prime départementale : ayant reçu du gouvernement un encouragement notable pour la partie séricicole de mes travaux, j'ai dû, au moins pour cette année, m'effacer devant les parties de notre agriculture qui n'ont pas été l'objet d'une semblable faveur.

Cette communication, Messieurs, m'a paru indispensable pour expliquer l'absence à ce concours de l'industrie de la soie, dont la prospérité naissante semble offrir une source de plus à la richesse de mon pays.

Je regrette vivement, j'en conviens, Messieurs, de ne pouvoir profiter de la circonstance qui m'était publiquement offerte, pour mettre sous vos yeux, à l'imitation de plusieurs de mes honorables compatriotes, la preuve des efforts que je ne cesse de faire, depuis bien des années, pour acclimater chez nous deux branches nouvelles d'économie rurale dont je suis le propagateur intrépide : celle des pépinières et celle de la culture du mûrier.

Il m'aurait été particulièrement agréable de constater que je n'avais rien négligé pour faire tourner au profit de tous l'encouragement ministériel qui ne m'a été accordé que pour me faciliter les moyens de travailler plus efficacement à étendre et à perfectionner cette dernière dans l'Aveyron : les faits ne m'auraient pas manqué.

Je conserve l'espoir de réaliser un jour cette pensée.

J'ai l'honneur, etc.   AMANS CARRIER.

Lettre de M. le lieutenant-général *Tarayre* à M. le préfet de l'Aveyron.

Monsieur le Préfet,

Votre sollicitude pour la prospérité et les progrès de l'agriculture du département a fait établir une prime départementale.

Je me mets sur les rangs pour briguer l'honneur de l'obtenir. Voici les titres sur lesquels j'appuie ma prétention.

Il y a dix-sept ans que je me suis livré aux travaux de l'agriculture. La terre sur laquelle je travaille a une surface de plus de quatre cents hectares. Antérieurement à mon exploitation, elle était livrée à des fermiers, et le produit net se montait à six mille francs, ainsi que c'est constaté par les baux à ferme. Il y avait huit paires de bœufs de labour en été et sept paires en hiver, trois cents brebis portières ou antenoises, quatre vaches laitières, deux truies portières et six cochons pour l'engrais. La récolte en fourrage était, année commune, de soixante-dix charretées du poids chacune de douze quintaux métriques de cinquante kilog.; la récolte en froment était, année moyenne, de trente-six charretées, soit deux cent cinquante-deux hectolitres.

Aujourd'hui, d'après la tenue exacte de mes livres, le produit net est de dix mille francs, non compris mille francs de réparations annuelles, employées à augmenter le capital et les produits. Je ne compte pas dans ce calcul ce que je prends de la ferme pour mon ménage et mon service personnel.

Je n'ai aujourd'hui que six paires de bœufs de labour en été, et cinq paires en hiver. J'ai actuellement quatre cents brebis portières ou antenoises, cinquante-deux vaches, taureaux ou génisses, et j'en augmente le nombre, tous les ans, d'une ou deux têtes; quatre truies portières, deux verrats et sept cochons à l'engrais.

Je récolte annuellement deux cents charretées de fourrage de douze quintaux métriques chacune, et la quantité augmente annuellement.

La récolte moyenne du froment des cinq dernières années est annuellement de soixante charretées, soit quatre cent vingt hectolitres ; cette quantité augmente tous les ans.

J'ai planté dix mille arbres sur des pacages de brebis dénués de toute grande végétation, secs et arides pendant tout l'été ; toutes mes avenues sont plantées en allées ; les espèces sont frênes, ormes, mérisiers et noyers.

J'ai fait huit mille mètres de clôtures en pierres provenues du défoncement du terrain ou de l'épierrement des champs.

J'ai ouvert dix mille mètres courans de chemins de service, empierrés en grande partie par l'épierrement des champs.

J'ai fait construire à neuf et dans de belles dimensions toutes mes étables, granges et celliers, à l'exception de deux, auxquels j'ai fait des réparations intérieures, telles que pavages, ouvertures, fenêtres et planchers aux granges.

J'ai défriché vingt-cinq hectares de surface de mauvais pâturages couverts de ronces, d'épines et de quelques chênes étêtés ; je les ai convertis en prairies pérennes qui, jointes à d'anciennes prairies, forment une étendue de cinquante hectares. Toute cette étendue est arrosée, en hiver et au printemps, par sept étangs qui ont été construits par moi.

Je travaille en ce moment à former une prairie dans le vallon de Solsac, qui aura une étendue d'environ sept hectares et qui sera très productive, parce qu'elle sera arrosée en toute saison. J'ai fouillé dans cet endroit, par le moyen d'une tranchée profonde, pour arrêter une source abondante qui allait sortir au fond de la vallée. Ce terrain était complanté de noyers détruits par le temps ou par le froid de 1829.

J'ai défoncé et épierré trente-six hectares de mes meilleures terres labourables pour les soumettre à un assolement quaternaire et alterne, où se succèdent sans repos les céréales, les légumineux, les crucifères, les prairies artificielles, les pommes de terre plantées en lignes et cultivées à la houe à cheval.

Je n'ai pas fait mention des récoltes d'orge, d'avoine, des pois gris, des gesses, du seigle, féverolles : ces différentes récoltes sont ordinairement de soixante-dix charretées, quatre cent quatre-vingt-dix hectolitres. Ces produits servent à la nourriture des domestiques ou à l'engraissement des bestiaux.

Ma récolte en pommes de terre et betteraves peut être évaluée annuellement à cent vingt tombereaux de douze quintaux métriques chacun, ensemble quatorze cent quarante quintaux métriques, qui sont placés dans des celliers et caves, à l'abri de l'humidité et du froid, et sont employés à la nourriture et à l'engraissement des bestiaux. J'engraisse annuellement deux paires de bœufs et trois ou quatre vaches.

Les instrumens aratoires que j'emploie sont l'araire du pays, la herse de fer et de bois, la houe à cheval, le butoir et rarement le rouleau, le rayonneur pour semer la betterave, le vannoir, le coupe-racines, un fourneau à reverbère pour faire cuire les pommes de terre à la vapeur.

Je n'emploie pas la charrue de Roville; je reconnais cependant sa supériorité sur les autres instrumens aratiques; mais des motifs qu'il est inutile d'exposer ici m'ont conseillé de ne pas l'introduire.

Les revenus des cinq premières années, évalués à trente mille francs, ont été employés aux constructions des granges et étables. Toutes les autres réparations ont été faites avec les moyens des hommes de la ferme et des gros animaux domestiques, ou sont portées en dépenses sur le grand-livre et diminuées du produit net.

Voilà, Monsieur le Préfet, l'exposé véridique et succinct que j'ai l'honneur de vous communiquer, afin de concourir pour la prime de quinze cents francs que le département doit à votre sollicitude et à votre désir ardent pour l'encouragement de l'agriculture.

Agréez, etc.   TARAYRE.

Mémoire de M. *Monseignat du Clusel.*

Améliorations introduites par **M. Monseignat** dans l'exploitation de la ferme du Cluzel, mairie de Vors, canton et arrondissement de Rodez.

Les premiers soins de celui qui veut se livrer à la culture d'un domaine doivent être d'examiner attentivement la qualité du sol et du sous-sol, la position de sa ferme plus ou moins rapprochée des centres de consommation, le degré de déclivité de ses terres arables, la moyenne de la température, si les changemens en sont réglés selon les saisons, ou s'il doit redouter des reviremens brusques, capables de compromettre certaines récoltes ; il doit aussi savoir apprécier quelles sont, parmi les branches de l'industrie agricole, celles qui offrent le plus de chances de profit, par la facilité d'écouler certaines marchandises comparativement à d'autres qui peuvent long-temps rester invendues.

En prenant, il y a bientôt dix ans, possession du domaine du Cluzel, j'ai dû porter mon attention sur les divers points que je viens d'indiquer, et c'est après un mûr examen, que j'ai été amené à l'adoption d'une méthode de culture que j'ai cru la plus profitable pour le propriétaire, en même temps qu'elle a pu être d'un exemple bon et facile à suivre pour tous mes voisins.

Chaque localité semble avoir été marquée par la Providence comme plus spécialement destinée à la production de certains végétaux ; et cela est remarquable dans les vastes contrées vierges de la main des hommes. De même qu'il y a là des assolemens séculaires qui démontrent la nécessité des assolemens modifiés, mais introduits dans notre agriculture, et qui prouvent l'impossibilité de voir perpétuellement, sur le même sol, croître et prospérer les mêmes produits; de même, on voit chaque grande division du sol ayant ses plantes de prédilection et, s'il m'est permis de parler ainsi, sa grande spécialité productive. Le cultivateur habile prendra la nature pour auxiliaire, la guidera quelquefois, et ne la forcera jamais.

Il est, par exemple, incontestable que, vu la position de notre département, non loin des plaines de la Gascogne et de celles du Languedoc, en se plaçant à un point de vue général, nous devons renoncer à l'espoir de tirer jamais grand profit de la culture de la vigne et de celle des céréales. Il est évident par cela même, au contraire, que l'élève des bestiaux nous offre les chances les plus sûres de nombreux bénéfices, si l'on considère surtout que la fraîcheur de nos montagnes, les pluies abondantes du printemps, la multiplicité des sources invitent à l'établissement des prairies pérennes et à la culture des fourrages artificiels.

C'est pénétré de la vérité de ces observations, que j'ai entrepris la transformation de ma ferme.

L'assolement triennal y était en usage dans toute sa pureté. Mon premier soin fut de préparer les moyens de passer à un assolement plus rationnel. J'éprouvais, je l'avoue, d'assez grandes difficultés. Les changemens, en agriculture, ne peuvent avoir rien de spontané; lorsque les divers services d'une ferme sont engrenés dans tel ou tel mode de culture, il n'est pas aisé de franchir d'une méthode à l'autre, et cela jamais ne peut se faire tout d'un bond. Partout et toujours, les époques de transition sont laborieuses et pénibles. C'est alors qu'heureusement pour moi, je pris pour guide le plus sûr, le plus clair et le plus élégant de nos écrivains sur l'agriculture. M. Rodat m'apprit qu'un des plus grands inconvéniens qui se présentent à l'entrée en culture alterne, était la difficulté d'entretenir, au printemps, des troupeaux qui trouvaient leur nourriture sur les champs que l'assolement triennal laissait habituellement en friche. Pour surmonter cet embarras, M. Rodat conseillait la création de pâturages à longs termes. Je suivis son conseil, et, au grand désappointement de mes bergers, je fis, sans avoir égard à leurs réclamations, labourer des terrains sur lesquels ils avaient compté mener paître les troupeaux au printemps. Mais mes brebis préférèrent de beaucoup le pâturage que je leur avais préparé, aux maigres dépaissances qui suffisaient jadis à peine à les empêcher de mourir de faim. Mes bergers n'ont rien réclamé depuis.

Peu à peu je suis entré dans un système de culture tel, que j'ai l'ambition d'arriver dans quelques années à ce point, qu'une partie de ma ferme pourra supporter, sans souffrir, un assolement *irrégulier*; c'est-à-dire que, selon les besoins de la consommation et les demandes du commerce, je pourrai *forcer* telle ou telle récolte, sans compromettre la faculté productive du sol.

Pour atteindre ce but, j'ai dû restreindre singulièrement la culture des céréales, et après avoir bien étudié ma position, j'ai trouvé le moyen d'augmenter considérablement l'étendue de mes prairies naturelles et arrosables.

Je possédais, dans une des parties les plus élevées du domaine, un vaste terrain marécageux, presque complètement improductif, renfermant un grand nombre de ces puits de boue si terribles, de ces *tremblans* dont le danger est dissimulé par un tapis trompeur de la plus fraîche verdure. A force de travaux, j'ai rassemblé, dans trois vastes bassins, ces eaux inutiles ou funestes; j'ai assaini par cette opération un terrain de cinq hectares au moins, qui fournit aujourd'hui un pâturage abondant pour mes vaches, et je peux, dans ce moment, arroser à volonté une étendue de plus de 25 hectares. Pour utiliser ces eaux, j'ai dû faire 2,250 mètres de fossés découverts et 1,055 mètres de fossés couverts, avec des conduits en briques dans toute leur longueur. L'eau passe successivement dans sept réservoirs échelonnés jusqu'aux bâtimens de la ferme; là, ce qui n'a pas servi à l'arrosement des prés, arrive enfin pour abreuver les bestiaux, arroser les jardins et alimenter une *féculerie* dont je parlerai plus tard.

Après avoir mis en face de pré ou en pâturage plus de 45 hectares, il me restait peu de terres labourables, mon domaine se composant en tout de 126 hectares environ. Je possédais une vingtaine d'hectares de ces landes affreuses appelées *Puech* dans le pays. Ce sont de vastes savanes incultes, couvertes de bruyères et d'ajonc, parsemées de quelques pieds de fougère. C'est dans ces fourrés, qu'un chien de chasse peut à peine parcourir, qu'on garde, une partie de l'année, de misérables troupeaux de bêtes à laine, qui prouvent bien, par leur chétive apparence, la qualité de ces tristes pacages. Dès qu'il me fut possible de donner à mon troupeau une nourriture moins mauvaise, je me hâtai de changer la physionomie sauvage de ces hermes improductives, sur lesquelles, après un pénible écobuage, on hasarde, tous les dix ans au plus, une semence de seigle ; après quoi, pendant dix ans encore, on laisse les plantes nuisibles envahir ce sol qui ne demande qu'à être cultivé. Je fis l'acquisition de 5 hectares de ces landes contiguës aux miennes, et divisai le tout en *cinq portions* égales. Tous les ans, je m'imposais la tâche de perfectionner une de ces soles, et ce n'est pas sans une grande satisfaction, que je vois aujourd'hui manœuvrer, avec une facilité extrême, ma houe à cheval au milieu de belles récoltes sarclées, là où naguère aucun instrument d'agriculture n'aurait pu pénétrer sans se briser à l'instant.

Ces terrains étaient vendus, il y a huit ans, à raison de 30 fr. 50 c. la setérée, 120 fr. environ l'hectare. Aujourd'hui, j'offre 400 fr. de la même surface (un hectare), et les propriétaires ne veulent pas s'en dessaisir à ce prix. Sans doute, je n'ai pas la prétention d'avoir motivé seul cette augmentation de valeur ; mais j'ose dire que les belles récoltes que j'ai sur ces terres, jadis à tort réputées mauvaises, ont dû faire ouvrir les yeux à beaucoup de ceux qui pensaient qu'on ne pouvait en tirer aucun profit.

Des exemples depuis long-temps fournis par les agriculteurs anglais, et de moins lointaines expériences, m'ayant appris que les sols semblables à celui que je cultive recevaient, par les amendemens calcaires, une grande puissance de production, je commençai, toutefois avec prudence, le chaulage de mes champs. J'ai adopté le système indiqué par l'honorable M. Puvis ; il consiste à faire, sur le champ qu'on veut amender, de petits tas de chaux de la grandeur des petits fumerons ordinaires, et de les recouvrir par une couche de terre de 2 décimètres environ. Ainsi traitée, la chaux se réduit promptement en poudre; on la répand ensuite, à la pelle, le plus également possible.

Notre tombereau ne contient pas entièrement le mètre cube, et me revient à 15 fr. conduit sur les lieux. Je répands la valeur de 8 *tombereaux* par hectare, ce qui porte mes frais de chaulage à 120 fr. l'hectare, plus les frais de main-d'œuvre pour faire et défaire les petits tas dont j'ai parlé. L'effet de la chaux, dans mes champs, n'a pas sensiblement diminué depuis 9 ans, époque à laquelle remonte ma première expérience, et je ne crains pas d'affirmer ce que tous mes voisins, dans l'admiration, affirmeront avec moi, c'est que les produits de toute nature (et j'ai expérimenté sur un nombre très considérable de plantes) ont été de plus *d'un quart* au-dessus de ceux que je retirais des parties non chaulées, *et dans le même champ*. Assurément, c'est là une source d'une immense prospérité future, et je me félicite de l'avoir vulgarisée autant qu'il était en mon pouvoir. Pour moi, je n'ai plus aucun doute, et je le prouve en joignant l'exemple aux préceptes. Je suis certain aujourd'hui d'augmenter dans une proportion énorme le produit net de mon exploitation, c'est-à-dire mes bénéfices, les frais de culture ne devant pas s'accroître en proportion des résultats. Et dans un temps qui n'est pas loin de nous, peut-être, on verra ces vastes terrains du *Ségala*, presqu'incultes aujourd'hui, transformés par les amendemens calcaires, rivaliser avec les sols les plus riches et les plus estimés de France.

J'arrive à la description de la partie des bâtimens ruraux que j'ai eu le temps de terminer.

J'ai fait construire une écurie surmontée d'une grange avec un toit à la Delorme, un four et fournil, des toits à porcs et un hangard. J'ai voulu que le plancher supérieur de mon écurie fût très élevé, contrairement aux usages du pays. Au lieu de petits jours qu'on bouche ou qu'on ne bouche pas avec un tampon de paille, comme on le voit communément dans la plupart de nos étables, j'ai fait pratiquer de petites croisées à vitre, qui en tout temps laissent pénétrer le jour si nécessaire aux animaux, et qui, restant ouvertes pendant les nuits d'été, permettent à l'air frais de venir remplacer l'air vicié par la respiration des animaux et les émanations des fumiers. Le sol de l'écurie est en pente insensible, mais suffisante pour l'écoulement des urines qui se rendent, en dehors, dans des récipiens *ad hoc*. C'est dans ces fossés à purin, dont toutes les fermes de la Belgique sont pourvues, qu'on jette, tous les samedis, les balayures de toutes les cours, rassemblées dans le nettoyage général hebdomadaire que j'exige de mes domestiques, et que j'engage tout cultivateur soigneux à ne pas négliger.

Dans l'épaisseur des murs j'ai fait pratiquer des soupiraux à un demi-mètre du sol, mais non des soupiraux comme ils sont d'ordinaire et construits de manière à ce que le vent glacial du dehors arrive sans entrave contre le poitrail d'un cheval en sueur, mais des soupiraux en zig-zag qui permettent au mauvais air de s'échapper et empêchent l'introduction directe des vents extérieurs.

Dois-je attribuer la bonne santé de mes animaux à ces diverses combinaisons? Je le pense, et je peux affirmer que je n'ai pas eu *un seul* animal malade, depuis 10 ans, dans mon écurie, qui contient cependant trentre-sept bêtes grasses.

La construction de mon four n'a rien d'extraordinaire; j'ai seulement fait établir, au-dessus de la voûte, une étuve dont on peut très souvent utiliser la chaleur, presque partout entièrement perdue.

Les *toits* à porcs, le mot adopté l'indique suffisamment, doivent être pour ainsi dire au grand air, garantis seulement de la pluie et du soleil.

J'ai pour le moment six truies portières, deux verrats, un très grand nombre de pourceaux; mes truies portent souvent deux fois dans la même année. J'ai habituellement à l'engrais six ou huit porcs : tous ces animaux sont, littéralement, sous un toit et ne sont pas autrement garantis de toutes les intempéries des saisons. Mes voisins ont cru, dans le principe, que le froid tuerait tous mes cochons; aucun n'en a souffert et, au milieu des épidémies qui, depuis plusieurs années, désolent toute la contrée, je suis assez heureux pour avoir eu mes animaux toujours préservés.

Je fais construire en ce moment pour les cochons une cour entourée de leurs étables, et au milieu de laquelle sera un petit réservoir où les animaux pourront à volonté aller se rafraîchir. D'énormes *grattoirs* formés de la partie inférieure d'un tronc d'arbre raboteux, seront solidement fixés au sol, le prurit étant un état perpétuel de cet utile animal.

Le hangar forme un des quatre côtés de ma basse-cour : là, comme dans toute exploitation bien conduite, sont les instrumens d'agriculture, les chars, les outils; là, si le temps est menaçant, on abrite les gerbes, les fourrages; là, pendant l'hiver, les domestiques fendent le bois, cassent les pierres qu'on a la précaution de faire rassembler dans la belle saison, et qui seront répandues sur les chemins de la ferme.

C'est bien ainsi que je faisais dans le principe et que j'utilisais, tant bien que mal, une partie de mes gens. Toutefois, je ne tardai pas à m'apercevoir que le climat sous lequel nous opérons me laissait encore bon nombre de journées où il était difficile de trouver pour tous les employés de la ferme un travail productif; mes attelages surtout restaient longtemps dans une ruineuse oisiveté. Voici le moyen que j'ai employé pour les utiliser. J'ai fait établir, toujours sous le même hangar, une féculerie, une huilerie et un moulin à cidre. Ces trois petites usines peuvent fonctionner simultanément ou les unes indépendamment des autres, à volonté. Le manége est construit de telle façon qu'il peut être mu par des bœufs ou des vaches attelés au joug, selon la coutume du pays. Ce manége fait mouvoir deux meules verticales d'une grande dimension, l'une d'un grès grossier, l'autre d'un calcaire très poli ; la première sert à écraser les pommes, la seconde à pulvériser les noix, la faîne, le chènevis; pour le colza et les graines d'une égale dimension, il est applati entre deux cylindres en fonte ; aucune graine n'échappe à cette pression avant de passer sous la meule, à l'action de laquelle il lui serait, par sa forme et sa ténuité, trop facile de se soustraire.

J'ai besoin de deux presses pour le cidre et de deux pour l'huile. Quant aux premières, j'ai tout simplement adopté le système usité dans nos vignobles pour presser le marc de raisin. Une plus grande puissance était nécessaire pour l'extraction de l'huile ; j'ai dû faire un voyage en Belgique, d'où j'ai rapporté le modèle d'une presse appelée *tordoir hollandais*. C'est de ces tordoirs que sortent, en grande partie, les énormes quantités d'huile de colza ou d'œillette expédiées des départemens du Nord dans toute la France. L'exécution n'a rien laissé à désirer, et j'ai employé ce système avec le plus grand succès. Cette presse a été très bien confectionnée par M. Micolon, mécanicien à Salles. C'est à ce même ouvrier que je dois une seconde presse qu'il nomme horizontale, et qui a une force vraiment extraordinaire. Mes vaches font tout ce travail de pression, partout ailleurs si pénible, et qui chez moi est précipité, modéré ou suspendu à volonté.

Ma féculerie n'a pas encore été mise en activité, à cause du prix élevé des pommes de terre depuis quelques années ; mais la râpe est montée et fonctionne parfaitement, les tamis sont en magasin, le blutoir perfectionné est placé, l'étuve et les séchoirs sont préparés. Que le prix des pommes de terre permette d'espérer quelque bénéfice par leur réduction en fécule, et je suis en mesure de commencer immédiatement la fabrication. Je dois ajouter que je me prépare à utiliser encore mon manége pour le battage des grains pendant l'hiver.

Les travaux de mes petites usines se coordonnent à merveille avec ceux de la ferme. C'est depuis la mi-octobre jusque vers le commencement de février qu'on porte les pommes et qu'on vient faire l'huile : partant, mes hommes et mes animaux sont utilisés pendant la mauvaise saison, et je devrais dire pendant les mauvais jours, car il est bon de remarquer que chacun choisit, pour venir au moulin, le jour où il ne peut pas s'occuper des travaux agricoles. Quand j'ai le désir et que le temps permet de travailler mes terres, mes voisins ont le même désir et la même faculté ; ils en usent et m'en laissent user, nos intérêts réciproques se trouvant ainsi ménagés.

La commission d'examen a voulu , et avec beaucoup de raison , connaître les résultats des expériences faites , des modifications introduites , qui pourraient bien n'être que des innovations dangereuses , au lieu de progrès réels.

Voici les revenus quotidiens de ma petite annexe industrielle. La façon d'une pièce de cidre se paie 1 fr. 50 c. ; on peut en faire 8 à 10 pièces par jour ; on en fait de 6 à 8 , terme moyen ; les résidus me restent et , quoi qu'en disent certains agriculteurs qui ne les estiment guère , je déclare que mes brebis s'en trouvent fort bien , qu'elles les mangent avec une avidité incroyable , et que tant que je leur en donne , elles font fi des meilleurs pâturages ; mes bergers le savent bien et n'en laissent pas perdre une miette. Les volailles se régalent aussi des pépins de poires et de pommes. Je peux faire par jour 150 k. d'huile de noix à 12 c. le k. Je ne fais guère que 50 à 60 k. d'huile de colza , de graines de choux , de chènevis , etc. , à raison de 30 c. le k. ; les prix sont différens pour ceux qui abandonnent les tourteaux. Je dois faire observer que les hommes employés à la fabrication sont nourris par ceux qui viennent faire l'huile ou le cidre. J'ai de plus les fumiers que laissent un grand nombre d'animaux nécessaires aux transports , et ce n'est pas là ce qu'il y a de moins avantageux.

Mes petites usines m'ont coûté environ 5,000 fr. de déboursés , et j'ai pris sur la ferme une grande partie du bois que j'estime à 600 fr.

Voici , en résumé , les titres que j'ai l'honneur de soumettre à l'examen du jury :

1° J'ai introduit la culture alterne dans une localité où on ne pratiquait que l'assolement triennal.

2° J'ai fait des travaux d'irrigation qu'on avait jugés impossibles et qui servent aujourd'hui à l'arrosement de 25 hectares de terrain , et fourniront de l'eau à une fabrique de fécule.

3° J'ai rendu à une culture rationnelle de vastes landes vouées à la stérilité , et montré les bénéfices qu'elles offrent à ceux qui voudront les travailler. *Le prix de ces landes est*

TROIS *fois plus élevé qu'il ne l'était il y a dix ans, et j'attribue cette différence en grande partie à mes travaux.*

4° Je me suis livré en grand à l'élève des cochons; j'ai créé une race robuste et facile à engraisser ; j'ai prouvé, par l'exemple, que la plupart des maladies de ces animaux tenaient à la mauvaise construction de leurs étables.

5° J'ai monté à grands frais une féculerie, une huilerie, un moulin à cidre; une partie des produits que je transforme aujourd'hui étaient, avant moi, entièrement perdus.

6° J'ai planté 1,100 arbres à fruits au Cluzel, et j'aurai bientôt de la pourrette de poires et de pommes à distribuer *gratis*; avec un peu de soin j'ai pu facilement me procurer cette pourrette, au moyen des résidus du cidre.

7° J'ai prouvé que le chaulage pouvait, dans toute l'étendue schisteuse de notre département, doubler les bénéfices du cultivateur.

8° Je me suis livré très en grand à la culture du mûrier ; mes plantations couvrent une surface de plus de 13 hectares, sans compter les pépinières qui contiennent 10,000 pieds de pourrettes. Quatre hectares de ces terrains ont été défoncés à la profondeur de 80 c. et au prix de 10 c. le mètre, ce qui porte la dépense à 4,000 fr. J'ignore si dans tout le département quelqu'un peut offrir une pareille étendue plantée en mûriers, et des travaux aussi considérables, et j'avoue que je ne connais pas de concurrent qui, dans cette spécialité, puisse rivaliser avec moi.

9° Je fais construire au chef-lieu du département une magnanerie pour trente onces de graine.

Deux systèmes de magnanerie sont aujourd'hui en présence : le premier, le plus ancien, celui de Dandolo, connu de tout le monde ; le second, plus récent, celui de M. Darcet, où ce savant a pratiqué un nouveau mode de ventilation et de chauffage.

Je n'hésite pas, quoique ces dernières constructions soient plus chères, à les adopter, parce que je crois qu'il sera utile pour le pays de constater les avantages et les inconvéniens des nouvelles magnaneries dites *salubres*, et je m'expose à des revers pour en éviter aux autres. Ma magnanerie sera la seule peut-être de ce genre à 30 lieues à la ronde.

Lorsque l'industrie agricole, comme toutes les industries, aura reçu une réglementation indispensable à ses progrès; lorsque l'association aura remplacé la concurrence, lorsque le morcellement ruineux aura fait place à la vaste exploitation de laquelle seule peuvent naître les grands bénéfices, alors sans doute il sera possible de concevoir et d'exécuter de ces grands changemens qui transformeront l'aspect d'une contrée tout entière, en multipliant les produits résultant des forces harmoniquement employées.

Toutefois, les tentatives auxquelles nous nous livrons aujourd'hui auront sans nul doute une grande influence sur notre agriculture, et nous devons des remercîmens à l'administration éclairée qui a su les solliciter et cherche à les reconnaître par une récompense de quelque valeur, au lieu d'éparpiller sur un grand nombre des sommes considérables, dépensées d'ordinaire en pure perte.

J'ai fait pour ma part ce qu'il m'a été possible de faire; j'ai dit une partie de mes travaux pénibles et de mes coûteuses expériences.

Je n'ai pas dû négliger la recherche des moyens me conduisant à des opérations qui me fussent personnellement profitables; mais par l'exemple, par la persuasion, sans brusquerie et par l'évidence de mes résultats, j'ai eu le bonheur de voir mes voisins, jadis sur leur garde et méfians, copier aujourd'hui mes améliorations dans les limites de leur exploitation et de leur fortune.

Rodez, le 7 février 1841.

MONSEIGNAT.

Lettre de M. *Lescure*, de Lavergne, à M. le Préfet de l'Aveyron.

MONSIEUR LE PRÉFET,

Le *Journal de l'Aveyron* du 28 novembre dernier publie le programme arrêté par la Société centrale d'agriculture pour le concours de la grande prime départementale qui doit être décernée d'après la décision d'un jury.

Et moi aussi je suis cultivateur! me suis-je dit. Là-dessus, voulant entrer en matière, j'ai senti que tout ouvrage naissant demande une préface ; c'est pourquoi j'expose préliminairement que je crois peu séant de déguiser, sous un semblant de modestie, l'accusation faite au jury de son mérite agricole. Je me confesse donc et dis, puisque c'est vrai, que je m'applaudis d'abord d'avoir préféré sur toutes choses l'état d'*agriculteur*, notamment d'avoir pris au sérieux ce mot si dévoyé , en y appliquant et mes facultés morales et mon activité physique, appert de mes succès et de mes mains calleuses : non que je prétende ici faire éclat de merveille quelconque, ayant la vogue éphémère de tous les miracles passés; bien loin de là, je résume l'ensemble de mes vingt ans de travaux sous des actes divers qui s'aident, se coordonnent et concourent au but que doit se proposer le sage cultivateur ou le bon père de famille, c'est-à-dire, en d'autres termes, que je n'ai fait ni voulu faire de la culture *enrichissante*, afin de ne pas me ruiner. Tout mon mérite est là, c'est ma ferme-modèle, au profit de mes voisins auxquels je la dédie.

Et d'abord, cette ferme dont les terres arables comptaient pour 90 hectares, je l'ai réduite d'un quart, à joindre aux pâturages, pour avoir plus de bestiaux, plus de fient, moins de main-d'œuvre ; en sorte qu'au lieu de récolter, comme d'usage, quatre fois la semence, je l'ai obtenue six , et l'on m'a imité.

Mon idée première, je dirai mon idée fixe, est d'accroître mes fients; car vraiment là est toute la science, comme la

charité toute la religion ; tellement, je vous le dis en con-
fidence, que je préfère un tombereau de bouse à tel livre
d'agriculture savamment élaboré.

J'ai enseigné d'exemple, passant pour téméraire, la coupe
anticipée du blé, dont l'habituel retard est plus funeste aux
céréales que le gel, les vents, les grêles, les brouillards
réunis, et j'ai rendu en cela un immense service.

J'ai employé la herse, la charrue de Roville ou plutôt de
M. Rodat ; elle m'a banni la bêche, évité le partage, écono-
misé des labours et nettoyé mes champs.... On admire l'ouvrage, on laisse l'instrument pour cause de cherté....

De plus, depuis 20 ans, je trie mes semences sur table :
deux femmes, à 50 centimes, en font 3 hectolitres par jour.
Je vends au-dessus du cours mes blés, lors des semailles ;
mais déjà chacun imite ce qui d'abord prêtait au ridicule,
et nos minoteries ont distingué nos blés dont les plus beaux
partis égalent ceux d'Albi.

J'ai assaini, par des fossés couverts, des champs aban-
donnés ; j'en ai manœuvré la terre du bas à la sommité ; j'ai
extirpé des rochers, applani des ravins et créé des prairies
en y portant des eaux d'écluse.

Ici, le premier, j'ai cultivé le trèfle en grand : mes bestiaux ont foisonné le vert en crèche ; j'ai tiercé mes fourrages secs et récolté, d'une dernière coupe, jusqu'à 1,500
kilogrammes de graine sur cinq hectares de terrain.

J'ai obtenu sur les bestiaux, notamment sur la race ovine,
d'excellens résultats, par des croisemens appropriés, non
en visant au développement des tailles, mais en étudiant les
conditions du pays avec lequel il faut marcher, car voulant
ce qu'il repousse, on s'efforcerait en vain ; j'ai ainsi des
troupeaux sains, robustes, laineux, membrés et engraissant
très bien.

C'est d'après ce système de convenance locale que je me
suis fait des bœufs pour mon usage, moins grands qu'à Laguiole, mais vigoureux, infatigables et naissant, on pourrait
dire, avec le fer aux pieds.

Après les bestiaux, les bois font mes plus douces jouis-

sances : j'ai semé , planté , aménagé les espèces indigènes ou
exotiques , convenables au pays, tels qu'acacia, marronnier
d'Inde , érable, sycomore et mûriers de tout âge , de la plus
belle venue. Je suis le seul , dans ce pays, récoltant les fruits
divers et ajoutant sans détriment , au produit de mes biens ,
celui du pommier, du châtaignier, du *noyer, ce tyran de la
plaine...;* mais grâce pour ce fier despote, il ne tyrannise
que mes coteaux. J'ai multiplié dans les vallées le peuplier
indigène et surtout le peuplier d'Italie ; j'en ai 500 de 18 ans
d'âge, qui, bientôt exploitables , me vaudront 15 fr. pour
50 c. de dépense, à répartir le tout sur un laps de 25 ans.
J'en ai de toute date , s'acheminant annuellement.

J'ai semé deux hectares en essence de chêne mêlé d'un
peu de hêtre , dont partie a déjà sa quatrième sève et
s'annonce parfaitement , et dont l'autre a 20 ans et me
donne déjà des outils de labourage. J'ai préparé pour la saison
prochaine pareil espace de terrain. Je soigne mes bois moi-
même : le vandalisme des valets n'y prévaut pas de mon vi-
vant , car je dirige leur cognée depuis les outils d'exploitation jusqu'au moindre chauffage. Aussi mes propriétés,
aménagées sous mon inspection , offrent-elles sur leur petit
espace une plus grande masse boisée et d'une plus belle allure qu'on n'en possède certes dans le canton de Sévérac.

J'ai manié la truelle , puisqu'il faut ne rien cacher, non
pour l'ostentation du foin ou de l'étable , mais aux fins de
battre en grange , pouvant clore et dépiquer mes mars si
sujets aux avaries d'un climat de montagne quinteux et dé-
traqué. Ma construction se compose d'un pavillon sur pi-
liers , flanqué de deux hangars et bientôt trois, ouverts sur
l'aire-sol et recouvrant une surface aérée de près de 200 mètres. Ce bâtiment, vraiment indispensable et propre à mille
usages, me rend les plus grands services et coûte à peine
douze cents francs.

Enfin, j'ai sous ma main et sous mes yeux mes dociles
valets qui ne sont point des *serfs*, mais des enfans chéris du
foyer domestique : je leur donne mes ordres et veille à leur
exécution ; je les choisis scrupuleusement et les garde le plus

long-temps possible, n'en déplaise à M. *J. S.* C'est ma prime d'encouragement ; aussi, ne me servir qu'un an, sans motif raisonnable, serait presque infamant. Du reste, je ne suis pas morose ; mes reproches sont rares, mais ils poignent, le cas échéant. D'ailleurs, je cause volontiers et les consulte souvent, mais la décision prise ne souffre plus d'amendement ; ils savent ma devise : *Leniter in modo, fortiter in re.* Je maintiens, comme essentiellement moral, l'antique usage de nos pères : le feu sacré de la lampe rustique ne s'éteint pas dans nos veillées d'hiver ; là, chacun réuni pour un ouvrage quelconque, après le repas du soir et la prière commune, entend une lecture, répond au catéchisme ou s'instruit diversement ; présentement ce sont les poids et mesures, et déjà tel de mes pâtres les connait comme *Méchin* ; à neuf heures ils se retirent pour se lever avant le jour, à la voix du chef-valet qui les réunit encore pour la prière du matin.

Quand, anfi, del calel la flamo trambloutejo
Et quen biren soun fus la chambrieiro capejo,
Anan fa la prégario et nous joucan al leit ;
Tranquiles, sans remords, aqui passant la neit.
Tal es coumunomen tout l'hiver nostro bido....
PEYROT, Georg. pat., chant 4.

Exposé adressé au jury chargé de décerner la prime départementale; par M. *Clausel de Coussergues* fils.

Le peu de progrès de l'*industrie agricole*, dans le département de l'Aveyron, et, par ces mots d'industrie agricole, j'entends l'art de tirer de sa propriété le plus de *produit net*, est un fait généralement reconnu.

Il suffit, au surplus, pour s'en convaincre, de parcourir nos campagnes au moment de la moisson. Les faibles résultats obtenus par un travail opiniâtre, sur des terres que la nature ne semble cependant pas avoir vouées à la stérilité, frappent d'abord les regards les moins exercés et accusent une imperfection évidente, soit dans le système de culture, soit dans les instrumens du travail. C'est bien autre chose encore, si vous pénétrez dans l'intérieur des centres un peu importans d'exploitation. Là vous voyez un personnel immense de domestiques dont tous les momens ont été consumés à produire cette chétive récolte que vous venez d'observer, et pour l'enlévement de laquelle il faudra, tout-à-l'heure, une nuée de mercenaires étrangers qui dévoreront presque, à mesure qu'ils les détacheront de la terrre, les fruits de tant de sueurs. Que si vous réfléchissez un peu à ce que doit absorber, si grossière qu'elle soit, la nourriture d'un si grand nombre de bouches, et si vous apprenez à quel taux exagéré sont arrivés les salaires, soit des domestiques, soit, surtout, de ces moissonneurs étrangers que l'on est obligé d'employer ; comme aussi le capital énorme que représentent les bestiaux voués exclusivement à la culture de la terre, vous êtes effrayé de tout ce qu'un tel mode d'exploitation doit avoir de ruineux pour celui qui le pratique et vous n'avez pas besoin de consulter ses livres pour l'estimer heureux, s'il parvient, à force de surveillance et de soin, à retirer quelque chose de sa terre de plus que les frais qu'il a faits pour elle.

Aussi, combien de propriétaires obérés! combien d'autres

que les soins les plus assidus et l'économie la plus sévère n'ont pu préserver d'une ruine complète.

Depuis long-temps, ce triste spectacle a frappé tous les regards. Chacun a voulu en rechercher la cause et, cette cause, chacun la signale, car elle est évidente : c'est *le peu d'importance des produits comparée à l'énormité des factures.*

Ainsi, produire plus, dépenser moins, tel est le double et difficile problème vers la solution duquel doivent tendre les efforts d'un propriétaire intelligent, et celui-là pourra se flatter d'avoir été le plus utile à son pays, qui se sera le plus approché de cette solution.

C'est ce que l'administration a parfaitement compris, et le but qu'elle s'est proposé, en encourageant les efforts des cultivateurs qui auraient introduit dans le pays quelques méthodes nouvelles ou quelque amélioration notable aux méthodes reçues.

Voici, pour ma part, ce que j'ai fait pour m'associer à ses vues.

Introduction d'une charrue perfectionnée.

Tout a été dit sur l'*araire* du pays, et il suffit de le voir pour se convaincre qu'il n'y a pas au monde d'instrument de labour plus imparfait. C'est l'*aratrum* de Virgile, sans le moindre changement. Comment une terre ainsi cultivée pourrait-elle produire? Il était donc urgent de se procurer une *charrue* digne de son objet, qui ne se bornât pas à sillonner légèrement la surface de la terre, mais qui en déchirât profondément les entrailles. De savans et zélés agronomes l'avaient déjà fait, en dotant le pays de la charrue de Roville. Mais il m'a paru qu'il y avait un vide à remplir dans l'intervalle immense qui sépare cette charrue de l'araire du pays, et il m'a semblé que cette place ne pouvait être mieux occupée que par la charrue *belge*. J'ai donc fait venir de Belgique la charrue dont on s'y sert communément et à laquelle les cultivateurs les plus éclairés de ce pays donnent la préférence.

Cette charrue a été, lors du dernier concours, l'objet de quelques critiques : on a même prétendu que ce n'était pas la véritable charrue *belge*. On comprend que l'origine d'une charrue ne fait rien à son mérite. Le fait est, toutefois, que celle dont il s'agit est née en Belgique, et c'est celle que j'y ai vu le plus généralement employer. Il est vrai que la grande charrue *flamande* en diffère quelque peu et se rapproche davantage de celle de Roville, mais elle n'est guère employée que dans le *Brabant* et le *Hainaut*, et n'y aurait-il pas quelque présomption à vouloir faire usage dans nos *causses*, maigres et sans fonds, de la charrue adoptée pour les terres les plus profondes peut-être et les plus fertiles d'Europe? Au surplus, la question n'est pas de savoir laquelle de ces charrues, théoriquement parlant, mériterait la préférence. C'est de leur mérite *relatif* et non de leur mérite absolu qu'il s'agit. Or, je n'hésite pas à croire que la charrue que j'ai introduite est celle qui convient le mieux à notre pays; et, si je ne craignais de rencontrer de trop redoutables adversaires, j'irais encore plus loin et j'oserais prétendre qu'elle doit même être préférée à celle de Roville. Elle est plus légère, d'un mécanisme plus simple, d'un maniement plus facile et elle convient également, entre les mains d'un laboureur tant soit peu exercé, aux terrains les plus maigres comme aux plus profonds. Le seul reproche qu'on pourrait lui faire et le seul défaut que je lui ai reconnu, c'est que son *versoir* n'est pas tout-à-fait assez élevé, en sorte que la terre retombe quelquefois dans la raie, mais c'est le défaut du versoir et non de la charrue, et je vais le corriger en lui faisant donner un peu plus d'élévation. Le grand avantage de cette charrue, je le répète, c'est qu'on peut s'en servir dans toutes sortes de terrains, pourvu qu'ils ne soient pas hérissés de pointes de rochers, et, pour mon compte, j'en fais usage avec succès dans des terres où bien certainement la charrue de Roville aurait de la peine à fonctionner. Quant à son labour, les plus habiles cultivateurs des environs ont reconnu qu'il ne laissait rien à désirer.

Introduction de la faux à couper les grains.

De tous les travaux d'une ferme, dans le département de

l'Aveyron, il n'en est certainement pas de plus coûteux que celui de la moisson. Chacun sait quelle est l'énormité des frais auxquels elle donne lieu, à cause du grand nombre de bras qu'il y faut et de l'énormité des salaires qui en résulte. Cette énorme dépense a pour unique cause l'emploi de la *faucille*, instrument de travail aussi arriéré dans son genre, que la charrue l'est dans le sien.

En Belgique, j'ai vu pratiquer deux méthodes, celle de la *sape* et celle de la *faux*, garnie d'une espèce de râteau. L'une et l'autre méthode a ses partisans, mais celle de la faux m'a paru d'une introduction plus facile et j'en ai fait venir une pour servir de modèle.

L'année dernière, je n'avais encore qu'une faux et j'eus quelque peine à décider mes moissonneurs à en essayer l'usage. Il était facile de voir qu'ils en redoutaient l'introduction. Je ne me suis pas découragé cependant. Cette année, j'ai fait venir trois nouvelles faux de la fabrique de Touille (Ariége). Je les ai fait monter chez moi, sur le modèle venu de Belgique, et, pour exciter l'émulation parmi mes ouvriers, j'ai promis, à titre de prime, une petite somme d'argent et une faux montée à celui qui s'en serait le mieux servi. Plusieurs de mes moissonneurs ont pris à cœur cette nouvelle méthode, et, au bout de deux ou trois jours, deux d'entr'eux étaient aussi habiles que le maître que je leur avais donné.

Quant à la supériorité de la faux sur la faucille, pour la faire apprécier, il me suffira de dire qu'un bon ouvrier, armé du premier de ces instrumens, fait de 4 à 5 fois l'ouvrage de moissonneurs se servant de faucilles. C'est ce que j'ai été à même de constater cet été, et l'épreuve m'était d'autant plus facile que j'avais placé mes deux espèces de moissonneurs dans le même champ.

On comprend dès-lors de quel immense avantage serait au pays l'introduction de cette nouvelle méthode. A l'instant même, on verrait le salaire des moissonneurs baisser de moitié, et le bénéfice serait plus considérable encore sur la nourriture. Je sais bien que la faux ne peut fonctionner partout. Ainsi, il faut mettre hors de cause les champs hérissés de dents de rochers; mais si vous en exceptez ceux-là, je n'en vois pas où l'on ne puisse en faire usage, même les plus pierreux, pourvu, toutefois, que les pierres ne soient pas trop grosses. Seulement, il convient de passer le *rouleau* après les semailles pour niveler le sol autant que possible.

Quelques personnes craignaient que la faux n'égrainât les épis. Cet inconvénient, s'il eût existé, lui aurait fait perdre beaucoup de son prix. Mais j'ai l'expérience qu'à moins que le blé ne soit par trop mûr, la faux ne l'égraine pas plus que ne ferait la faucille et, d'autre part, la paille et les herbes qui s'y trouvent mêlées se coupent beaucoup plus ras et se ramassent mieux.

Substitution partielle des chevaux aux bœufs.

Une des causes qui exigent un si grand nombre de bras dans les fermes du pays, c'est incontestablement l'emploi *exclusif* des bœufs. Une paire de bœufs fait très peu d'ouvrage et exige un domestique à l'année. Il m'a paru que l'emploi simultané des chevaux et des bœufs était un des moyens les plus propres à réduire ce personnel ruineux de domestiques. J'ai donc acheté deux couples de chevaux et je les emploie au labour dans toutes les terres où je puis me servir de la grande charrue. Mon calcul n'a pas été trompé : une expérience de près de deux années m'a prouvé qu'une paire de chevaux fait de deux fois et demi à trois fois l'ouvrage d'une paire de bœufs. Je pourrai donc, dès que les travaux considérables que j'ai entrepris seront terminés, supprimer de quatre à cinq paires de bœufs et économiser, par conséquent, le salaire et la nourriture de deux domestiques au moins.

Je sais que l'on élève de fortes objections contre l'emploi des chevaux : leur nourriture, dit-on, est plus chère que celle des bœufs; et puis, c'est un capital qui se détériore par l'usage et finit par s'anéantir, tandis que le bœuf non seulement ne s'use pas par le travail, mais gagne encore jusqu'à son dernier jour.

Il est très vrai que la nourriture d'un cheval de labour,

que l'on veut entretenir en bon état , coûte un peu plus que celle du bœuf ; mais cette différence dans la nourriture n'est-elle pas dix fois couverte par la différence du travail que vous obtenez de l'un et de l'autre ? Quant à la grande objection du dépérissement des chevaux et de la nécessité de renouveler souvent ce capital , elle conserve toute sa force , j'en conviens, si l'on donne la préférence aux chevaux *hongres;* mais elle perd la plus grande partie de sa force si, comme je le fais, on ne se sert que de jumens, car alors on peut obtenir des productions qui font plus que vous payer le prix de la mère.

Qu'on ne conclue pas de ceci, toutefois, que je regarderais comme avantageux chez nous de remplacer entièrement les bœufs par les chevaux, ainsi que cela a lieu dans la moitié de la France. L'emploi exclusif des chevaux aurait sans doute de grands avantages, s'il était possible ; mais il serait aussi déraisonnable, dans ce pays-ci , de vouloir employer les chevaux à tous les travaux d'une ferme , qu'il le serait de vouloir labourer tous les champs avec la charrue de Roville, ou les moissonner tous avec la faux. Rien n'est plus funeste , en agriculture, que l'esprit de système. C'est là qu'il fant savoir appliquer les principes de l'*école éclectique :* ne prendre d'un pays que les méthodes et les instrumens qui peuvent convenir à celui où l'on se trouve, et rejeter tout le reste , quel que puisse être d'ailleurs son mérite intrinsèque. L'adoption trop légère de méthodes excellentes, d'ailleurs, pour d'autres pays, mais qui ne convenaient pas au nôtre, n'a peut-être pas moins nui à la cause des innovations utiles , que l'opposition aveugle de la plus opiniâtre routine.

Introduction de l'*avoine noire et blanche* de Hongrie (*avena orientalis*).

L'avoine est peut-être de tous les grains que nous cultivons, celui dont le débit est le plus facile et le plus assuré. A mesure que les routes s'ouvrent, la consommation s'en accroît et les débouchés se multiplient. C'est d'ailleurs pour nous , comme on le sait, une branche assez importante d'exporta-

tion, puisque le Languedoc vient, en partie, s'approvision-
ner sur nos marchés.

Il serait donc d'un véritable et puissant intérêt pour le
pays d'accroître ce produit, non-seulement par une culture
mieux entendue, mais encore, s'il se peut, par l'introduction de variétés plus productives.

J'avais vu, dans quelques provinces du Nord, cultiver
avec succès l'*avoine à grappes*, connue sous le nom d'*avoine
de Hongrie*, et j'ai voulu en essayer sur nos terres. Le résultat
a justifié mes espérances. L'année dernière, un hectolitre,
bien que semé un peu tard et dans un terrain de médiocre
qualité, m'a rendu environ 18 pour un. Semée en temps plus
opportun et jetée sur une terre mieux choisie, elle m'a produit, cette année, l'avoine blanche trente fois, et la noire
près de *quarante fois* la semence. Malheureusement ce dernier essai n'a pu être fait qu'en petit, l'avoine récoltée
l'année précédente ayant été, par mégarde, mêlée à celle
du pays, en sorte qu'il m'a fallu renouveler la semence.
Quant à la qualité de ces deux variétés, elle ne me paraît
guère le céder à l'avoine indigène. La noire, toutefois, est
plus légère et peu farineuse, mais on a vu quelle est l'abondance de ses produits. Aussi mon intention est-elle de les
cultiver l'une et l'autre. Je compte même les substituer peu
à peu, dans mon exploitation, à l'avoine commune du pays,
et ce que j'ai vu ailleurs, joint à l'expérience que j'en ai moi-
même déjà faite, ne me permet pas de douter que je n'en
obtienne un accroissement considérable de produit.

Cultivateur étranger pris à mon service.

Le plus grand obstacle, en tout pays, à l'introduction de
méthodes nouvelles et d'instrumens nouveaux, c'est leur
nouveauté même et, par suite, l'ignorance où l'on est de
l'application qu'il faut en faire et du parti qu'on en peut
tirer.

De là vient que tant de tentatives ayant pour objet de
naturaliser chez nous l'emploi de procédés meilleurs, ont
complètement échoué, malgré le discernement qui avait

sidé à leur choix et la bonne volonté de ceux qui en essayaient l'usage. Il n'est, pour ainsi dire, pas un instrument perfectionné d'agriculture dont l'existence ne soit connue dans le pays, grâce au zèle de la Société d'agriculture, qui en a enrichi son musée. Mais, parmi ces instrumens, combien en est-il qui, malgré leur supériorité ou leur utilité évidente, soient devenus d'un usage commun? En connaissez-vous de plus simples et de moins coûteux que la *herse* et le *rouleau*? N'est-il pas vrai, cependant, qu'on compterait sur les doigts les propriétaires qui en font usage, alors que tous, ou presque tous, devraient s'en servir? A quoi donc peut tenir cet éloignement pour les méthodes nouvelles, chez les propriétaires même les plus zélés, si ce n'est à la cause que je signalais tout-à-l'heure?

Frappé de cette vérité, il m'a paru que ce ne serait rien faire que d'importer dans le pays des instrumens nouveaux, si je n'enseignais, en même temps, l'art d'en faire usage. Or, en pareille matière, il n'y a qu'un genre d'enseignement qui soit profitable, *l'enseignement de l'exemple*.

La Belgique étant le pays auquel j'empruntais ses instrumens et ses méthodes, comme celui, peut-être, qui, avec l'Angleterre, a fait faire à la science agricole le plus de progrès, c'est là aussi que, malgré la distance qui nous en sépare, j'ai été chercher, pour les ouvriers de ma ferme, un maître et un modèle. J'ai fait choix, à cet effet, d'un homme intelligent, non pas simple valet de charrue, mais fils d'un fermier habile et ayant vu mettre en pratique et pratiqué lui-même, chez son père, les méthodes qu'il s'agissait d'introduire dans mon exploitation. Déjà il a formé, pour la charrue, des élèves dont l'habileté ne le cédera bientôt plus à celle de leur maître. C'est aussi, grâce à ses leçons et à ses exemples, que j'ai pu rendre populaire l'usage de la *faux*, pour laquelle j'avais à vaincre la double opposition d'une routine aveugle et d'un intérêt mal compris. C'est, enfin, à l'emploi intelligent qu'il a su faire de la *herse* et du *rouleau*, qu'est due la faveur inespérée qui a succédé, pour la herse surtout, aux moqueries peu encourageantes que leur apparition avait inspirées, au point que tel *bêcheur* qui, l'année dernière, avait vu avec une sorte d'effroi la herse se substituer à sa *pioche*, au moment des semailles, dans la terre qu'il avait préparée, vaincu par l'éloquence des résultats, en a, cette année, sollicité l'emploi comme une faveur !

Pense-t-on que j'aurais obtenu ces succès, si je m'étais borné à faire venir les instrumens nouveaux, et qu'au lieu d'une main ferme et sûre pour en diriger l'emploi, je les eusse remis purement et simplement, sans leçon et surtout sans exemple, à l'ouvrier même le plus intelligent ? Je ne sais si je m'abuse, mais il me semble que, dans mon étroite sphère, je ne pouvais servir d'une manière plus efficace la cause des progrès agricoles.

Prairies artificielles.

La production des céréales est le grand objet de la science du cultivateur ; mais pour le département de l'Aveyron, elle n'est, on peut le dire, que d'un intérêt secondaire. Il faut bien, sans doute, cultiver nos terres labourables et les cultiver le mieux possible ; mais on se tromperait grandement, si l'on cherchait là le secret de la richesse du pays : ce secret est ailleurs. La nature du sol, son climat, sa constitution géologique, les mille cours d'eau qui l'arrosent et le creusent profondément, l'avertissent assez qu'il n'a pas été créé pour la production des grains, mais que la nature lui a réservé d'autres et peut-être de meilleures destinées. Consultez, d'ailleurs, la place que nous occupons sur la carte. Tandis que les riches plaines qui nous avoisinent, au midi, viennent faire concurrence à nos grains sur nos propres marchés et en avilissent les prix, la fécondité de leur sol et l'industrie de leurs habitans ne peuvent les affranchir du tribut qu'elles nous paient, en venant chercher nos bestiaux pour le labour de leurs champs ou l'approvisionnement de leurs villes. Ne perdons pas de vue non plus que l'usage de la viande devient chaque jour plus général, et que son prix tend de plus en plus à s'élever. L'engrais, mais surtout l'*élève* des bestiaux, voilà donc la véritable industrie du pays; voilà quel doit être surtout l'objet de nos soins et de nos efforts.

La nature a beaucoup fait pour nous en couvrant nos montagnes de gras pâturages, mais elle veut être aidée, et nos plateaux calcaires appellent surtout la main de l'homme. C'est ce qu'on n'a pas jusqu'à présent suffisamment compris. Croyez-vous, par exemple, que ces terres qui, après un labour pénible, vous rendent à peine trois fois la semence que vous leur avez confiée, ne vous laisseraient pas plus de bénéfice, si vous les couvriez de graines fourragères, ne fût-ce que pour la dépaissance de vos bêtes à laine? Et puis, pourquoi ces autres terres, plus grasses et plus fertiles, se reposent-elles stérilement une année sur trois, tandis qu'elles pourraient, sans épuiser leurs sucs, ni appauvrir leur substance, vous donner un fourrage abondant?

Laissez, dirai-je au propriétaire du Causse, laissez ces champs rebelles à vos soins et livrez-les, comme auxiliaires de vos *devèzes*, à la dent des moutons. Que, d'autre part, le trèfle, la luzerne et surtout le sainfoin prennent place dans votre assolement. Vous sèmerez moins, mais vous cultiverez mieux et, avec moins de frais, vous récolterez davantage. Ce n'est pas tout : les bestiaux, votre véritable richesse, s'accroîtront, et avec eux, votre plus sûr revenu. Voilà le double résultat que vous promet et vous assure l'introduction, dans votre culture, des plantes fourragères.

Voyez le *Larzac*, dont la stérilité était proverbiale, et admirez à quel point la simple introduction du sainfoin en a changé la face.

Ces conseils que je donnerais aux propriétaires de notre *Causse*, si ma voix avait quelqu'autorité, je m'applique à les pratiquer moi-même. La nature du sol variant dans ce pays, presque à chaque pas, j'ai voulu essayer, autant qu'on peut le faire en deux ans, de presque toutes les espèces connues de fourrages. Ainsi, indépendamment de celles que j'ai énumérées plus haut, j'ai semé, pour la dépaissance des moutons, une variété de trèfle que l'on cultive dans le Nord et que les agronomes désignent sous le nom de *trèfle blanc* ou *petit trèfle de Hollande*. Il avait parfaitement germé, mais l'extrême sécheresse de l'année dernière lui nuisit beaucoup. J'ai cultivé aussi avec un grand succès le *trèfle incarnat*, qui offre l'avantage précieux, après un long hiver surtout, d'être très précoce, ce qui doit le faire rechercher, bien qu'il ne donne qu'une coupe. Trente ares environ, que j'en avais ensemencés, m'ont produit 8 fortes voitures de fourrage et 120 kilogrammes de graine. Il était impossible, comme on voit, d'obtenir un plus beau résultat. L'*ivraie d'Italie*, bien qu'elle n'ait pas réalisé toutes les merveilles que lui prêtait le charlatanisme des *prospectus*, m'a aussi très bien réussi, puisque, malgré l'extrême sécheresse de ce dernier été, j'en ai obtenu trois coupes. Ces divers essais ne m'ont pas fait négliger le trèfle commun. J'en ai ensemencé dix hectares qui me promettent, pour l'été prochain, la plus abondante récolte.

Quant aux *fourrages-racines*, j'ai cultivé, avec un succès complet, la *betterave champêtre* ou *disette*, si précieuse à la fois par sa feuille et sa racine. Bien que le terrain n'eût pas été suffisamment défoncé, le poids moyen des racines s'est élevé de deux kilogrammes et demi à trois kilogrammes. J'en ai même obtenu un certain nombre de près de cinq kilogrammes. J'ai aussi essayé, mais avec moins de succès, la *carotte jaune*, si fort recommandée par les agronomes anglais. Pour la betterave, je la mets, sous le double rapport de l'abondance et de la qualité des produits, en tête de toutes les plantes fourragères, et je me propose de la cultiver désormais en grand dans mon exploitation.

Travaux d'irrigation.

Les *prairies naturelles* ont, dans le *Causse* surtout, un ennemi redoutable à craindre, c'est la sécheresse brûlante de nos étés.

La plus grande partie des miennes étant traversées par une petite rivière, j'ai cherché à tirer le meilleur parti des ressources précieuses que pouvait m'offrir cette position. Dans ce but, j'ai fait construire des *écluses* en forte pierre de taille. Les foins enlevés, on ferme les écluses au moyen de deux portes soutenues par de fortes traverses : c'est l'affaire de quelques minutes et le travail de deux hommes. En quelques heures, l'eau sort de son lit, et des rigoles préparées d'avance la conduisent sur toutes les parties que l'on veut arroser. Cette opération est si simple, que je puis la renouveler aussi souvent que la sécheresse la rend utile, sans détourner, le moins du monde, mes domestiques des nombreux et importans travaux de la saison.

Je n'ai pas besoin de m'étendre sur les avantages d'un tel mode d'irrigation : on en devine aisément les puissans effets. Aussi, mon exemple n'a-t-il pas tardé à trouver des imitateurs. Tous les propriétaires riverains se sont mis à l'œuvre, et, soit isolément, soit en associant leurs ressources, ont élevé des écluses semblables. Pour mon compte, j'en ai déjà trois et les matériaux se préparent pour en construire une quatrième.

Quelques propriétaires de moulins placés au-dessous ont voulu s'opposer à cet emprunt des eaux de la rivière ; mais il a été facile de leur faire comprendre que ce n'était là que l'exercice légitime d'un droit naturel, droit, au surplus, reconnu et garanti par les dispositions de l'art. 644 du code civil.

Création d'un réservoir, dans le double but d'abreuver les bestiaux et d'arroser les prairies.

Je manquais d'un abreuvoir à portée de la ferme, et j'étais obligé de faire conduire mes bestiaux à une assez grande distance. Le temps se perdait et aussi le fumier. D'autre part, une prairie assez importante, située sous la ferme, n'était pas arrosée ; une partie même de celles traversées par la rivière, ne pouvait l'être, à cause de son élévation. Pour obvier à ce double inconvénient, ou, plus exactement, pour compléter, d'une part, mon système d'irrigation et, de l'autre, rapprocher l'abreuvoir de la ferme, j'ai imaginé d'aller prendre, à près de 300 mètres de distance, les eaux d'une source naissant dans une de mes pièces, d'en élever le niveau au moyen d'une digue profonde , et de les amener sous mes écuries. Cette entreprise , tentée non sans quelque crainte pour le succès , a complètement réussi. La digue retient et élève les eaux, des canaux les amènent, et , en ce moment, on achève de creuser, pour les recevoir, un réservoir de 576 mètres carrés de surface, sur une profondeur moyenne de deux mètres. La semaine prochaine verra , je l'espère, l'achèvement de cette grande entreprise, pour laquelle il m'aura fallu près de 8 mois de travail. Quant aux avantages que j'en attends , le moindre est d'avoir transporté l'abreuvoir sous les murs de la ferme. Il en est un autre bien autrement précieux : ce sera de pouvoir arroser à volonté 20 hectares environ de prairies avec une eau toute saturée de principes fécondans qu'y déposeront , deux fois par jour, 80 bêtes à cornes.

Emploi des eaux pluviales au nettoiement des écuries.

Ma ferme étant construite sur un mamelon entouré de pièces de terres et de prairies qui en dépendent , se trouve dans les conditions les plus favorables pour utiliser le égouts des écuries. Mais j'avais remarqué que ces égouts arrivaient rarement à leur destination ; soient que ces eaux s'évaporassent, soit qu'elles se perdissent dans le trajet.

On a imaginé en Flandre de construire , à la porte des écuries, des *citernes* destinées à recevoir ces eaux. Quand on veut s'en servir , à l'aide d'une pompe à main, on en remplit des tonneaux tels que ceux qui servent à l'arrosement des villes, et on va les répandre sur les terres auxquelles on les destine.

Cette pratique est excellente ; mais il m'a paru que la disposition de mes bâtimens me permettrait d'atteindre le même but par des moyens plus simples. J'ai donc fait placer de cheneaux en fer-blanc aux couverts de mes écuries, et les tuyaux de descente en conduisent les eaux , ou dans l'écurie ou dans la cour , suivant qu'on veut laver l'une ou l'autre , après quoi ces eaux vont se répandre dans les pièces que l'on veut arroser.

Le secours de ces eaux va me permettre de convertir en pré un champ maigre et de peu de produit.

Plantations.

Je n'ai pu, jusqu'à présent, donner que fort peu de soins à cette branche si importante de l'économie rurale. J'ai cependant fait venir, il y a quelques années, de Picardie, des boutures d'une espèce de peuplier qu'on nomme *blanc de Hollande*, et qui, je crois, n'était pas connu dans ce pays-ci.

D'après l'expérience que j'en ai faite, cette espèce, mise en pépinière, croît plus vite et devient, toutes conditions égales d'ailleurs, beaucoup plus vigoureuse que le peuplier commun du pays et que le peuplier d'Italie. D'après les renseignemens que j'ai pris dans les pays où il est adopté, la planche en est fort bonne.

Tels sont les efforts que j'ai faits pour arriver à la solution du problème que je me suis proposé en commençant : *Produire plus, dépenser moins.*

Il m'eût été difficile, en deux années seulement, de faire davantage, et ces efforts, je l'espère, ne seront pas stériles. Mais n'eussent-ils d'autre mérite que d'avoir indiqué le but, ce serait encore quelque chose et je ne croirais pas, en cela, avoir été tout-à-fait inutile à mon pays.

État de mes dépenses.

Voici, suivant le désir de la Société d'agriculture, l'état des dépenses que j'ai faites :

1° *Charrue.* — Achat, droit d'entrée et port, environ 110 fr.

2° *Faux.* — Environ 20 fr. les quatre.

Avoine de Hongrie. — Le premier hectolitre que j'ai semé était venu de Belgique. Cette année, j'en ai envoyé quelques litres de Paris. Le tout a donné lieu à un déboursé d'environ 40 fr.

4° *Cultivateur étranger.* — On comprendra aisément qu'un avantage considérable a pu seul décider un cultivateur belge à venir dans ce pays-ci. Le salaire que je lui donne équivaut à trois fois au moins le salaire le plus élevé d'un maître-valet. Je dois, de plus, lui payer l'*aller* et le *retour*. Voilà près de deux ans qu'il est à mon service. Cette dépense est fort élevée, mais on a vu toute l'utilité que j'en retire.

5° *Graines fourragères.* — Je les ai toutes achetées à Paris : trèfle *blanc*, *incarnat*, *ivraie d'Italie*, comme aussi la graine de betterave et de carotte. Ç'a été une dépense d'environ 250 fr.

6° *Ecluses.* — Elles me reviennent à 100 fr. chacune.

7° *Réservoir.* — Les comptes ne sont pas encore entièrement réglés, mais ce sera une dépense de 2,500 à 3,000 fr.

Coussergues, 5 décembre 1840.

C. CLAUZEL DE COUSSERGUES fils.

Lettre de M. de *Gaujal (Saint-Maur)*, maire de Millau, à MM. les membres de la Société centrale d'agriculture de l'Aveyron.

Messieurs,

Agriculteur et propriétaire, j'ai l'honneur de vous soumettre le résultat d'une expérience, non qu'une prime de 1,500 fr. soit le motif de cette demande d'avances : si elle m'était décernée, je déclare que je n'entendrais pas en faire mon profit, et que je l'abandonnerais à l'amélioration d'un de nos chemins communaux ; mais j'ai cru, au moment où vous allez vous occuper d'encourager les améliorations agricoles, devoir payer à mes concitoyens le tribut de mes observations et le résultat de mes essais.

Depuis quatre à cinq ans, j'ai acquis successivement, de divers, un sol d'une nature et d'une contenance que vous trouverez plus bas déterminées.

En vous exposant ce que cela était, ce que j'ai fait, ce que cela me coûte et ce que cela peut valoir, vous pourrez juger, Messieurs, si l'affaire a été bonne.

Le sol sur lequel j'ai établi mes expériences se composait d'abord d'une étroite prairie d'environ un hectare et demi de contenance, ensuite de mauvaises pâtures que le cadastre a classées de 3e et 4e classe, le tout formant ensemble environ 17 hectares de contenance, sur un plan très incliné, hérissé de buissons, de genêts, de quelques vieux châtaigniers et surtout de beaucoup de rochers. Ce terrain, sis aux tènemens de Maleviale d'Alauzet, commune de St.-Beauzély, m'a coûté la somme totale de neuf mille cinq cents francs, appert des actes d'acquisition reçus par Blaquière, notaire à Saint-Beauzély.

Or, depuis longues années, je m'étais demandé si, dans les terrains montueux de l'Aveyron, les sources d'eau si fréquemment nuisibles, ne pourraient pas, avec peu de dépense, être contenues et même dirigées d'une manière

inverse, c'est-à-dire utile ; si ce terrain, généralement ré-
puté de nulle valeur, ne pourrait pas à peu de frais devenir
productif ; si ces eaux qui, stagnantes en bien des endroits,
rendent le sol mouvant et boueux, ne pourraient pas facilement, au lieu de joncs inutiles, produire une belle
herbe et échanger leur marécage en bonnes prairies.

C'est pour obtenir la solution de ce problème que j'ai
fait l'acquisition des terrains en question, tenté une expérience et tenu note exacte des frais exposés.

J'ai l'honneur, Messieurs, de vous soumettre tout cela.

La prairie située sur le ruisseau torrentueux de *Gavarlac*,
était, chaque année, dégradée par le torrent ; mon premier soin a dû être de l'en garantir, par conséquent d'enlever du lit du torrent tous les blocs de pierre adhérens
ou isolés qui obstruaient le cours de l'eau, le détournaient,
et d'en composer un solide cordon contre le débordement,
sur toute la longueur de la rive, qui est d'environ 1,500 m.

Le nombre des journées employées à ce travail a été de
150, montant à......................... 187 fr. 50 c

La rive a été complantée de saules et de
peupliers, au nombre de 6,000, coûtant.. 300 00

Quant aux terrains en friche, l'immense
majorité du terrain en question a été défon-
cée à 40 centimètres de profondeur ; ceux
qui ont fait ce travail s'en sont payés comme
voici : d'abord ce terrain défoncé, ils ont
semé des pommes de terre ; ils ont fourni
la moitié de la semence, fait tout le travail ;
l'autre moitié a été fournie par le propriétaire, et la récolte également partagée entre le propriétaire et les travailleurs. Ces
terres ont ainsi payé de suite, au travailleur,
le salaire de son travail ; au propriétaire,
l'intérêt de son argent, tout en l'améliorant.

J'ai dit que de nombreux rochers héris-
saient le sol : çà et là disposés, ils ont été
extirpés à l'aide de la mine ; ce travail a

A reporter....... 487 50

Report........	487 fr.	50 c.
pris 100 k. de poudre ; coût..............	200	00
Et 150 journées à 1 fr. 50 c............	225	00
Achat ou entretien des outils pour la mine.	35	50

Les pierres qu'on a extirpées ou brisées ont servi à construire 800 mètres de murs de clôture et de soutènement, à 25 c. le m.   200   00

Après ce premier travail, il s'agissait de convertir en prairie ce sol ainsi défoncé, épierrer et clore ; pour cela il a été construit trois grands conduits d'irrigation en terre, en escarpemens d'une longueur totale de 2,800 mètres, à 30 c. le mètre, ci........   1,400   00

Ces conduits sont alimentés par le ruisseau de Gavarlac ; au moyen de trois barrages, il a été facile de les établir ; de grosses pierres étaient sur place, on les a équarries au marteau, puis placées çà et là et liées ensemble par des crampons de fer ; la préparation et la pose des pierres ont ensemble coûté 120 journées à 1 fr. 50 c., ci........   180   00

Le fer des crampons, pose comprise, a coûté.............   45   50

L'épierrement de la prairie a coûté 150 journées de petite manœuvre à 75 c.......   112   50

Deux bassins en terre, afin d'utiliser deux petites sources trouvées dans le sol acquis, en réunissant leurs eaux, ont été établis pour la somme de....................   240   00

Sur ce terrain préparé et arrosable, il a été semé de la fenasse, du trèfle, du ray-gras ou ivraie d'Italie, semences recueillies par le propriétaire et, par conséquent, non portées en dépense.

Il a été planté 600 mûriers provenant d'une pépinière du propriétaire, non portés en dépense.

A reporter......	3,126	00

Report.....	3,126 fr.	00 c.
Frais de plantation, fumier compris.....	450	00
Il a été encore planté pommiers, poiriers, noyers, au nombre de 1,000, et qui déjà donnent un produit......................	750	00
Frais de plantation...................	350	00
Enfin, une haie vive de buissons et d'églantiers, sur une longueur totale de 500 mètres, a pris 50 journées qui ont coûté ensemble................................	75	00
Total..........	4,751	00

Or, Messieurs, sur cette propriété qui m'a coûté, achat ou frais d'amélioration, la somme de quatorze mille deux cent cinquante-un francs, ci.................... 14,251   00 il a été recueilli, cette année, mille quintaux de fourrage; l'année prochaine, il y aura un gros tiers de plus en prairie à faucher, et, à conditions égales, on y récoltera de 1,200 à 1,500 quintaux.

Enfin, j'ai refusé d'affermer cette même propriété au prix annuel de 3,000 fr.; inutile de dire que l'intérêt des sommes dépensées, petit à petit, en réparations ou améliorations, a été plus que compensé par les récoltes annuellement perçues.

J'ai cru, Messieurs, vous devoir cette communication; vous en ferez tel usage que vous jugerez à propos.

J'ai l'honneur, etc.

SAINT-MAUR DE GAUJAL.

Lettre de M. *Passelac*, d'Aubignac, à M. le Préfet de l'Aveyron.

MONSIEUR LE PRÉFET,

« La prime départementale de quinze cents francs, ainsi
» que cela résulte des termes mêmes de l'arrêté du 18 dé-
» cembre 1840, a surtout pour but d'encourager ces amélio-
» rations vastes et d'ensemble, ces entreprises grandes et
» hardies qui se présentent entourées de difficultés et de
» risques, soit à cause de leur nouveauté, soit par la nature
» des choses, ou à cause des dépenses inévitables qu'elles
» doivent entraîner, et demandent des avances considéra-
» bles, dont la rentrée peut paraître incertaine ou tardive. »

(Extrait du Programme du 18 décembre 1840.)

Le soussigné, propriétaire-cultivateur du domaine d'Aubignac, situé dans la commune de Bozouls, arrondissement
de Rodez, département de l'Aveyron, après avoir pris connaissance de votre arrêté du 1er décembre dernier, ensemble du programme y joint, désirant concourir pour la prime
de 1,500 f. que M. le Ministre de l'agriculture et du commerce
a bien voulu accorder au département, sur votre bien-
veillante sollicitation, a l'honneur de vous prier de vouloir
bien soumettre les observations qui suivent à MM. les membres du Jury désigné par la Société d'agriculture aux fins de
peser et d'apprécier les droits de tout prétendant à cette
faveur insigne du Gouvernement.

En 1801, j'ai acheté l'entier domaine d'Aubignac, affermé,
à cette époque, au sieur Catusse, au prix de 6,000 fr., sans
réserve aucune. A l'expiration du bail, qui eut lieu vers la
fin de septembre 1803, et à mon entrée en jouissance, je
trouvai le domaine entièrement dégradé, bâtimens en ruine,
les prés couverts de ronces, les champs remplis de tas de

pierres , toutes les pièces de ce vaste domaine sans clôtures, dépourvues de toute espèce d'arbres , arbustes et de buissons pour le chauffage. Les fermiers étaient obligés de se procurer à grands frais l'un et l'autre de ces combustibles pour le service journalier.

Dans cette dure et ruineuse position , je tournai d'abord mes soins vers la culture des arbres , et à cet effet, je fis préparer un terrain en pente d'environ vingt hectares , situé au-dessus des bâtimens d'exploitation dudit domaine , pour le semer en chênes, ormeaux et genêts d'Espagne mêlés avec des aubépines , ce qui me réussit au-delà de toute attente , et à la grande surprise de tous les voisins. La venue de tous ces arbres , des ormeaux surtout , a été si prompte , que mon maître-valet peut en choisir aujourd'hui pour être employés au charronnage. Indépendamment des précieux avantages que promet ce semis , il offre , par sa position, celui d'abriter les bâtimens de la ferme et principalement d'augmenter le fourrage des prairies qui se trouvent placées au-dessous, en augmentant le volume des faibles sources qui jaillissent dans plusieurs endroits de la montagne. A tous ces avantages déjà recueillis, joignez celui d'avoir changé un aspect stérile et sauvage en une position des plus agréables du département ; j'insiste d'autant plus à faire ressortir cette importante amélioration , qu'elle est le produit de mes constans efforts et de mes soins assidus plutôt que l'effet de la nature.....

En 1805 et 1806 , j'employai tous les instans , et dans la saison convenable , à faire épierrer toutes les propriétés du domaine, notamment les champs. Les pierres, qui nuisaient à leur culture, ont servi pour les clore et mettre leur récolte à l'abri de la dent des bestiaux. Cela fait , j'occupai les domestiques et un grand nombre d'ouvriers d'aide du lieu de Bozouls , à ramasser les matériaux nécessaires pour la reconstruction de tous les bâtimens menaçant d'une ruine prochaine, en commençant par les écuries et les granges , à l'effet de garantir les bestiaux et les fourrages des injures du temps.

En 1810 , je fis construire la grange et l'étable des bœufs, celle de la vacherie , de manière à pouvoir loger cent bêtes à corne avec le fourrage nécessaire pour leur entretien. En 1811 , je fis construire les greniers pour contenir les blés du domaine , et fis disposer un aire-sol bien pavé et assez spacieux pour les dépiquer.

En 1812, époque où les denrées s'élevèrent à des prix exorbitans , je fis construire la maison d'habitation avec jardin et terrasse sur le devant. Par cette construction considérable , je vins au secours d'une foule de malheureux de Bozouls et des villages circonvoisins , qui se trouvaient sans pain , eux et leur famille , car à cette époque il n'y avait ni ateliers de charité , ni travaux sur les routes , ni constructions départementales , où l'on pût , comme aujourd'hui , employer , au besoin , un grand nombre d'indigens.

En 1827 , je fis construire à neuf la grange et l'écurie pour les chevaux de selle , de la charrette et des jumens poulinières ou à dépiquer.

Enfin , en 1834 , je fis construire une vaste bergerie qui a déjà servi de modèle à plusieurs propriétaires des environs.

Ces diverses constructions et réparations , quoique fort coûteuses , ont donné des améliorations plus que sensibles à l'égard de tous les bestiaux employés à l'exploitation de la ferme.

Avant mon entrée à Aubignac , il y avait dans le domaine cinq ou six vaches laitières ; depuis, j'ai formé une vacherie qui compte quatre-vingts bêtes , savoir : cinquante vaches laitières , le reste en suivans , dont les mâles servent à remplacer , avec avantage , les bœufs vieux et les femelles , les vaches de rebut.

Pour m'assurer de plus grands produits de ma vacherie , j'ai fait défoncer , il y a quatre ans , le plus mauvais terrain que je possédais , non loin de la route royale de Bozouls à Entraygues , d'une contenance de plus de vingt-cinq hectares ; je l'ai semé en trèfle , en sainfoin , en raygras et en luzerne , ce qui m'a donné , la deuxième année et les suivantes, plus de soixante charretées d'excellent fourrage et un regain abondant pour nourrir toute ma vacherie, depuis la descente de la montagne jusqu'à la fin de novembre. Sur cette vaste pièce de terre, qu'on peut appeler montagne d'automne, j'ai fait construire un petit buron, pour y faire manipuler le fromage, qui est d'une qualité supérieure à celui qui se fait sur les montagnes de Laguiole.

Depuis quatre ans, j'ai pu vendre six cents kilogrammes de fromage, une année comportant l'autre, provenant de ma montagne d'automne.

Pour ce qui concerne le troupeau des bêtes à laine qui, aux yeux des connaisseurs, est considéré comme un des plus beaux du Causse, je dois attribuer son amélioration, sous le rapport des formes, de la qualité et de la quantité de la laine, à son croisement avec celui de la race flamande que la ci-devant Administration provinciale fit venir à grands frais de ce pays du Nord, croisement que j'ai eu l'attention de conserver, de préférence à tout autre, et que je crois le plus propre à cultiver parmi les autres races ovines qu'on a essayé d'introduire dans le département. J'ai pu remarquer une importante amélioration sur mon troupeau, depuis qu'il jouit de la nouvelle bergerie où toutes les dispositions qui procurent le bien-être ont été si bien prises, si bien observées dans cette construction-modèle.

Non content des semis, dont le succès, ainsi que je l'ai dit plus haut, a dépassé toutes mes espérances, j'ai fait entourer mes champs de frênes et d'ormeaux dont la feuille est si précieuse pour nourrir les bêtes à laine pendant la saison la plus rigoureuse de l'année. J'ai fait planter en même temps, des deux côtés de la route royale n° 121, qui partage les possessions du domaine d'Aubignac, une allée d'arbres, essence frêne et ormeau, déjà en plein rapport; outre le produit que je retire de la feuille, ces arbres, d'une belle venue, procurent, dans la saison chaude de l'année, un ombrage agréable aux voyageurs, et tempèrent, en hiver, les vents du nord qui se font sentir dans ces contrées. J'ai fait ce que personne n'a tenté de faire, jusqu'ici, depuis Rodez jusqu'à Espalion, la plantation des routes; j'ai, suivant le précepte d'Horace , joint l'agréable à l'utile. Si mon exemple avait été suivi par les autres riverains , le voyageur n'aurait pas à déplorer cette nudité , cette absence de verdure depuis Espalion jusqu'à Rodez , c'est-à-dire , pendant l'espace de sept lieues.

J'ai fait planter encore de mille à huit cents pieds de noyers sur le terrain qui convient à cette espèce d'arbre , en les plaçant de manière à endommager le moins possible la récolte des champs qu'ils entourent. Je puis enfin avancer , en toute assurance , que le nombre des pieds d'arbres que j'ai fait planter dépasse dix mille , tous de belle venue , notamment ceux qui forment l'allée qui conduit de la route royale à mon habitation , et qui fait l'admiration de tous les voyageurs qui parcourent cette route.

Il y a huit ans, j'ai fait planter , dans un terrain d'environ deux hectares, qui ne produisait que des genêts , des ajoncs et des bruyères , plus de trois cents pieds de châtaigniers, qui , cette année et l'année dernière, m'ont donné deux charretées de bonnes châtaignes.

Pour la conservation de toutes mes nombreuses plantations, j'ai dû faire armer les arbres avec des buissons, sans quoi il était bien difficile, pour ne pas dire impossible , de les conserver dans un pays abandonné pendant les trois quarts de l'année à la dépaissance du gros et menu bétail.

Enfin, le domaine d'Aubignac se trouvait, par sa situation, exposé à manquer d'eau pendant trois ou quatre mois de l'année, malgré les recherches, toutes infructueuses, tentées jusqu'ici.

En 18   , je fis venir l'abbé Paramelle dont la réputation est aujourd'hui européenne. Ce nouveau Moïse , après l'inspection des lieux, me donna l'assurance qu'à une profondeur de quatre mètres environ, je parviendrais à trouver une source assez abondante pour fournir de l'eau, toute l'année, aux habitans de la ferme. Jusqu'à l'année dernière, j'avais négligé de suivre ses indications, malgré les heureux résultats qu'il avait obtenus dans un grand nombre de départemens voisins ; mais les trois ou quatre années successives de sécheresse qui ont affligé le Causse, en le privant de cet élément si nécessaire à l'homme et aux bestiaux, m'ont déterminé à faire faire de nouvelles fouilles et à explorer l'endroit que M. Paramelle avait indiqué. Après douze cents journées d'ouvriers employées, et à une profondeur double de celle qui avait été donnée, j'ai trouvé une nouvelle source d'une eau très limpide, que j'ai réunie à l'ancienne, ce qui rend le volume d'eau suffisant pour alimenter la ferme en toute saison. La principale source, jaillissant à plus de huit cents mètres en dehors des bâtimens ruraux, je l'ai conduite, au moyen de tuyaux en plomb, dans un vaste bassin en pierres de taille, *sive griffoul*, situé au milieu de la basse-cour, et près du jardin du domaine.

En même temps, j'ai fait creuser dans le roc et au-dessous de la cuisine de la ferme, une vaste citerne qui me fournit, au moyen d'une pompe, une eau presque chaude en hiver et glaciale en été. Cette citerne est alimentée par la source de la fontaine et par les eaux pluviales qui y découlent par des chenaux en fer-blanc, et au moyen de deux robinets placés dans l'intérieur du mur de la cuisine, les servantes peuvent puiser l'eau de la citerne en été, et celle de la fontaine en hiver.

Ces diverses opérations, m'assurant de l'eau pour toutes les saisons de l'année, me dispenseront d'enlever à la culture deux paires de bœufs, pendant quatre mois consécutifs, pour aller chercher à Bozouls l'eau indispensable pour alimenter le domaine. En calculant le prix de la journée à quatre francs par paire de bœufs, pendant quatre mois, soit cent vingt jours, je trouve une dépense de neuf cent soixante francs par an, représentant un capital, à cinq pour cent, de vingt mille francs, en comptant les dégradations qu'entraînaient ces transports sur les attelages.

On peut évaluer la dépense, pour la construction de la fontaine, de la citerne, du bassin en pierre, des tuyaux en plomb et des chenaux en fer-blanc, à la somme de 6,000 fr. On peut donc avancer, d'après ce calcul, que le bénéfice résultant de cette réparation peut être évalué, d'hors et déjà, à 660 fr., sans compter l'agrément.

Cette dernière et importante amélioration , ajoutée à tant d'autres énumérées plus haut, tend à assurer au domaine d'Aubignac la supériorité sur tous les autres domaines du Causse , sous le rapport d'une facile exploitation. Ce qui prouverait , au besoin , que ces améliorations ont été bien conduites , bien dirigées , c'est que le produit du domaine s'est considérablement accru, et que les offres du prix de ferme sont aujourd'hui le double de celles de l'ancien bail , d'où résulte clairement la réponse à la question de savoir *si l'affaire a été bonne.....*

Toutefois , je laisse à MM. les Membres du jury le soin de constater d'abord sur les lieux (car on ne peut le faire autrement), et d'apprécier ensuite les améliorations de plus d'un genre que j'ai tentées , presque toutes , j'ose le dire , avec un égal succès.

Aubignac, le 1er février 1841.

PASSELAC.

Lettre de M. *Solinhac*, de Cassagnes, mairie de Buzeins, à M. le Préfet de l'Aveyron.

MONSIEUR LE PRÉFET,

Peu d'hommes trouvent leur destinée du premier bond ; la mienne ne fut pas sans doute le maniement des finances , car, destitué de mes fonctions de receveur à Millau en 1816, pour cause d'opinion , force me fut de reprendre la charrue de mes pères et de tourner mes pensées vers l'amélioration d'une propriété aride, pierreuse et d'un faible produit, moins par son fonds calcaire que par le manque d'eau pour obtenir des fourrages, des bestiaux, des fients, c'est-à-dire manquant de ce puissant levier de toute bonne agriculture. Mes idées, mes efforts se tournèrent sans cesse vers ce but que je m'efforçai d'atteindre , d'abord en épierrant mes terres, en cultivant le trèfle, l'esparcette, les fénasses ou l'ivraie d'Italie. J'eus le bonheur de réussir, d'augmenter mes cabaux et de fertiliser mes terres. Cela pourtant ne me suffisait pas ; je rêvais ou croyais rêver l'impossible, lorsque je méditais de découvrir des eaux sur certains points de mes propriétés où, lors des grandes pluies, sourdaient, à la sommité, des sources passagères. L'occasion s'offrit pour moi d'adjoindre à ce ténement une prairie d'abord, et successivement d'autres terrains sans valeur, mais au niveau des eaux dont je méditais sans cesse la découverte. Enfin, je tentai le grand œuvre, faire jaillir des eaux sur un terrain aride. J'eus à vaincre de grandes difficultés, la peur d'un déboire, la raillerie du public, des dépenses perdues, et mes illusions aussi, car elles m'étaient chères. Cependant je travaillais toujours, je redoublais d'efforts quand naissaient nouveaux obstacles, éboulemens, roches à extirper, et surtout absence d'eau complète : le public raillait, les ouvriers aussi ; l'amour-propre seul soutenait mon courage. Encore un jour, pas davantage, et je m'avoue déçu ! Heureuse persévérance! l'eau jaillit enfin ; nous poussons en avant et son volume augmente. Il est peu de jouissances pareilles à célle que j'éprouvai. Le problème résolu , il ne me restait plus qu'à l'appliquer d'une manière utile, recueillir ces eaux fertiles et les porter, par immersion spontanée, sur la plus grande étendue possible : c'est ce que j'ai réalisé au moyen de deux réservoirs , contenant chacun plus de 250 mètres cubes d'eau. Les résultats ont dépassé mes espérances et sont tellement notables , que des plantes chétives deviennent méconnaissables par leur végétation exorbitante.

Déjà , ce qui d'abord était pré a doublé son produit , j'espère le rendre triple; ce qui était champ , frau , ou plutôt monceau de pierres que j'ai fait nettoyer et niveler à force de dépense, offre déjà l'aspect nouveau d'une verdoyante prairie; en sorte que mon domaine, qui récoltait ordinairement trente-deux mille kilogrammes de foin , en a récolté , en 1838 , cinquante mille six cents, et en 1840 , quatre-vingt mille quatre cents au moins. On voit la progression qui s'élèvera , je l'espère, jusqu'à quatre-vingt-dix mille et peut-être jusqu'à cent mille , ce qui me permettra de doubler mes bestiaux, mes fients et mes céréales ; c'est-à-dire que pour une dépense , dont ci-après le détail, de 11,200 fr. en capital et de 4,800 fr. en améliorations susdites , j'obtiens un double revenu ; ce qui réalise mon placement de fonds à six pour cent au moins ; et non compris l'espoir à venir.

Encouragé par ce beau succès , et croyant ma méthode sur la recherche et l'emploi des eaux applicable en beaucoup de cas, j'ai acquis une nouvelle propriété, en 1839 , afin d'avoir à ma disposition des eaux d'une fontaine publique abandonnées sans profit. J'ai déjà construit deux réservoirs qui fonctionnent à merveille; j'en fais construire deux autres sur le point culminant de cette même propriété, où je viens d'acquérir un pâturage d'insignifiante valeur , que je vais convertir en prairie de première classe, car ces eaux portent en elles des principes fertilisans hors de toute croyance. Et voici l'état détaillé de mes achats, de mes réparations et le résultat que j'en ai obtenu :

(102)

1° Prix d'acquisition.................. 11,200 fr. 38 c.
2° Montant des réparations, construction
de réservoirs, etc..................... 4,825   50
                                        ———— ——
                    Total.............. 16,025   88
Produit en fourrage des mêmes propriétés,
récolté en 1840, 24,800 kil. qui, à 3 fr. 75 c.
les 100 kil., donnent un total de.........   930

Je le déclare fidèle, plutôt en dessous qu'en dessus de la réalité. A cet égard, j'ose supplier le jury de déléguer quelqu'un afin qu'il juge sur les lieux et rapporte au conseil combien est méritoire et de bon exemple l'œuvre que j'ai accomplie, et je me persuade sans orgueil qu'elle ne sera pas la moindre dans le brillant concours de la grande prime agricole.

J'ai l'honneur, etc.   P. SOLINHAC.

Supplément à la Lettre précédente.

MONSIEUR LE PRÉFET,

D'après la fixation première du 20 décembre, délai fatal pour la remise des pièces relatives au concours de la grande prime agricole, j'eus l'honneur de vous transmettre les miennes un peu précipitamment peut-être, et dans cette supposition et vu le nouveau délai jusqu'au 15 janvier, annoncé dans votre arrêté du 18 décembre, je viens aujourd'hui ajouter des détails plus circonstanciés à ceux déjà fournis, afin de mieux me conformer au dispositif du programme qui veut un compte exact des frais avancés et des produits obtenus, pour savoir en résumé *si l'affaire a été bonne.*

Cela ne me sera pas difficile : j'ai bien tenu mes comptes ;

je connais la dépense, et les produits sont tels dans ma première opération que j'en poursuis une seconde avec de tels
succès, dès le début, facilités d'ailleurs par mon expérience,
que j'ai la certitude d'atteindre plus heureusement encore
le but que je me suis proposé, c'est-à-dire fertiliser des terres
vaines et vagues, abandonnées pour la plupart au parcours des
troupeaux, comme impropres aux fourrages et même aux
céréales. Il fallait pour cela des épierremens et des eaux ; il
fallait opérer sur un grand espace, sur près de 7 hectares,
et c'est ce que j'ai réalisé avec un tel bonheur, sur ma terre
dite de Sirandels, que je n'ose vraiment caractériser mon
œuvre et que mon ambition serait d'obtenir un commissaire
pour juger si ce n'est là une *création* véritable, création de
bon exemple et non exceptionnelle, puisqu'il est des eaux
partout, dans nos montagnes, placées en des conditions aussi
favorables que les miennes et qui n'attendent qu'une direction voulue pour produire des merveilles; création qui ne
manquera pas d'être imitée dans ce pays, comme l'ont été
déjà d'autres améliorations importantes que j'ai opérées avec
profit sur plusieurs hectares maigres et infertiles de mes propriétés que j'ai extrêmement bonifiées par une forte couche
de bonne terre que j'y ai fait transporter de certains tertres
qui étaient au bas de ces mêmes propriétés; et les récoltes
que j'en ai retirées depuis lors ne m'ont pas fait regretter
les dépenses considérables qu'elles avaient nécessitées.

Le dépouillement de mon livre-journal me donne le compte
suivant.

Et d'abord :

Achat de 2 hectares 98 ares 60 centiares de pré, et de 6
hectares 60 ares 86 centiares de terre labourable et pâture,
au tènement de Sirandels, en tout 9 hectares 59 ares 46 centiares, onze mille deux cents francs, ci.... 11,200 fr. 00 c.

Frais d'enregistrement, de transcription,
honoraires du notaire, etc., sept cent cin-
quante-trois francs, ci................... 753   00

Total du prix d'acquisition......... 11,953   00
A reporter.......... 11,953   00

Report.......... 11,953 fr. 00 c·

Montant de 94 journées d'ouvriers, employées à la construction d'un réservoir, à 1 fr. 75 c. la journée, cent soixante-quatre francs cinquante centimes, ci............ 164 50

Montant de 2,090 journées de journaliers ou manœuvres, faites dans une période de cinq années, dix-neuf cent quatre-vingt-quatre fr. quatre-vingt-quinze c., ci...... 1,984 95

Montant de cinq cents journées de bœufs, faites dans le même espace de cinq années, quinze cents francs, ci.................. 1,500 00

Montant de 1,200 k. graine de fenasse, semés sur ladite propriété, à 30 fr. les cent k., trois cent soixante francs, ci........ 360 00

Pour épierremens opérés sur ladite propriété, 66 journées de femmes pour les mettre en tas, trente-trois francs, ci............ 33 00

Pour réparations ou achat d'outils, trente francs cinq centimes, ci................ 30 05

Total du prix d'achat et des réparations. 16,025 50

Montant présumé des réparations encore à faire et qu'on ne peut supposer devoir aller au-delà de huit cents francs, ci..... 800 00

Total général........ 16,825 50

La progression des produits obtenus a été comme suit :

En 1836, époque de mon acquisition, je récoltai sur ladite propriété 11 charretées de fourrage sec, qui, évaluées à 620 k. chacune, donnent un total de........ 6,820 k.

En 1837, il fut récolté sur la même propriété 13 charretées ou huit mille k., ci.............. 8,000

En 1838, il fut récolté 30 charretées ou dix-huit mille six cents k.,.................. 18,600

Cette année, la moitié des terres qui avaient

été se**aées en fourrage, l'année précédente, furent fauchées pour la première fois.

En 1839, vingt-huit charretées ou dix-sept
mille trois cent soixante k., ci................ 17,360 k.

Les gelées retardées et la sécheresse, qui arri-
vèrent immédiatement après, causèrent un dom-
mage notable aux récoltes, et les fourrages furent généralement peu abondans.

Enfin, en 1840, je fauchai, non compris encore deux mille k. au moins de fourrage coupé
en vert, 40 charretées ou vingt-quatre mille
huit cents k., ci........................... 24,800

J'ai la certitude de voir augmenter les produits d'un tiers
au moins, lorsque deux hectares de terrain qui restent encore à semer en fourrage, et qui le seront au mois de mars
prochain, donneront leurs produits, ce qui réalisera un bénéfice cinq à six fois plus considérable que celui du point de
départ.

Tels sont les dépenses et les produits offerts à l'imitation
publique dans ce que j'ai déjà fait, comme dans ce que j'accomplis encore, en ce moment, sur une autre propriété considérable que j'ai acquise en 1839, dont les trois cinquièmes
consistent en pré de bonne qualité ; les deux autres cinquièmes sont pâtures ou terres de très mauvaise nature ; ce sont
ces deux cinquièmes que j'espère transformer en pré de
bonne qualité ; je marche à ce résultat avec la confiance
du succès, et j'atteste sur l'honneur la vérité de mon Mémoire.

Daignez agréer, etc.

SOLINHAC, *Maire de Buzeins.*

A Cassagnes, le 10 janvier 1841.

Extrait de la lettre de M. *Cassagnes*, de Saint-Martin-de-Lenne, à MM. les membres du jury.

M. Cassagnes expose : 1° qu'il a cultivé quatre ou cinq espèces de blé étranger ; mais il s'est aperçu bientôt que les bestiaux refusaient d'en manger la paille et les boulangers d'en acheter le grain ; les uns parce que cette paille était grossière, les autres parce que ce grain, dit-il, ne donnait ni un beau ni un bon pain. D'où ayant conclu que cette culture était plus nuisible qu'utile, il prit le parti d'en revenir au blé du pays.

2° Qu'il a cultivé des légumes et des fourrages artificiels ; mais tantôt le froid, tantôt le chaud, quelquefois la pluie, le plus souvent le vent solaire et la sécheresse ont rendu ses soins infructueux. En conséquence, et vu la baisse des laines, il pense qu'il faut baser l'entretien de son bétail sur les pacages naturels, sans renoncer entièrement aux fourrages artificiels, mais en cultivant ces derniers en petite quantité.

3° Il a planté plusieurs centaines de pruniers, de cerisiers, de pommiers, de poiriers, de châtaigniers, de frênes, d'ormeaux et de chênes. Ayant remarqué qu'un côteau à lui appartenant s'était naturellement couvert de buissons et de broussailles, au travers de quoi croissaient de jeunes chênes, il a fait arracher les broussailles pour servir au chauffage du four de sa ferme. En même temps, il a fait émonder les jeunes arbres qui avaient poussé spontanément, et attendu que le terrain est très favorable à la production forestière, ces petits arbres sont devenus grands ; si bien que, dans l'espace de quarante ans, plusieurs ont atteint une hauteur de 25 mètres. Il en a tiré de la planche, des poutres et des chevrons pour la reconstruction de ses écuries.

4° Il a amélioré l'espèce bovine, d'abord en achetant des types de la race suisse ; mais cette expérience, dit-il, ayant été encore plus nuisible qu'utile, il en est revenu à la race qui se trouve aux alentours de Laguiole, de St.-Urcize, de Lacalm et d'Alpuech.

En conséquence, il s'est mis à fréquenter les foires de ces localités pour y acheter des taureaux et des genisses. Plus d'une fois, il a payé ces animaux à un prix double de ce que se vend la belle espèce.

Par ce moyen et par la précaution qu'il a prise d'affermer une petite montagne, il a amélioré l'espèce bovine existant dans son étable et encore celle de ceux qui ont placé des vaches sur sa montagne. Ce que voyant, il a affermé une grande montagne. Tout allait bien d'abord ; mais une maladie épizootique des plus affreuses est venue déconcerter ses projets, et arrêter le cours très progressif de l'amélioration.

En finissant, M. Cassagnes déclare qu'il ne croit pas avoir assez fait pour mériter la prime ; mais il se flatte avec raison que la publication de ses essais pourra être utile au pays.

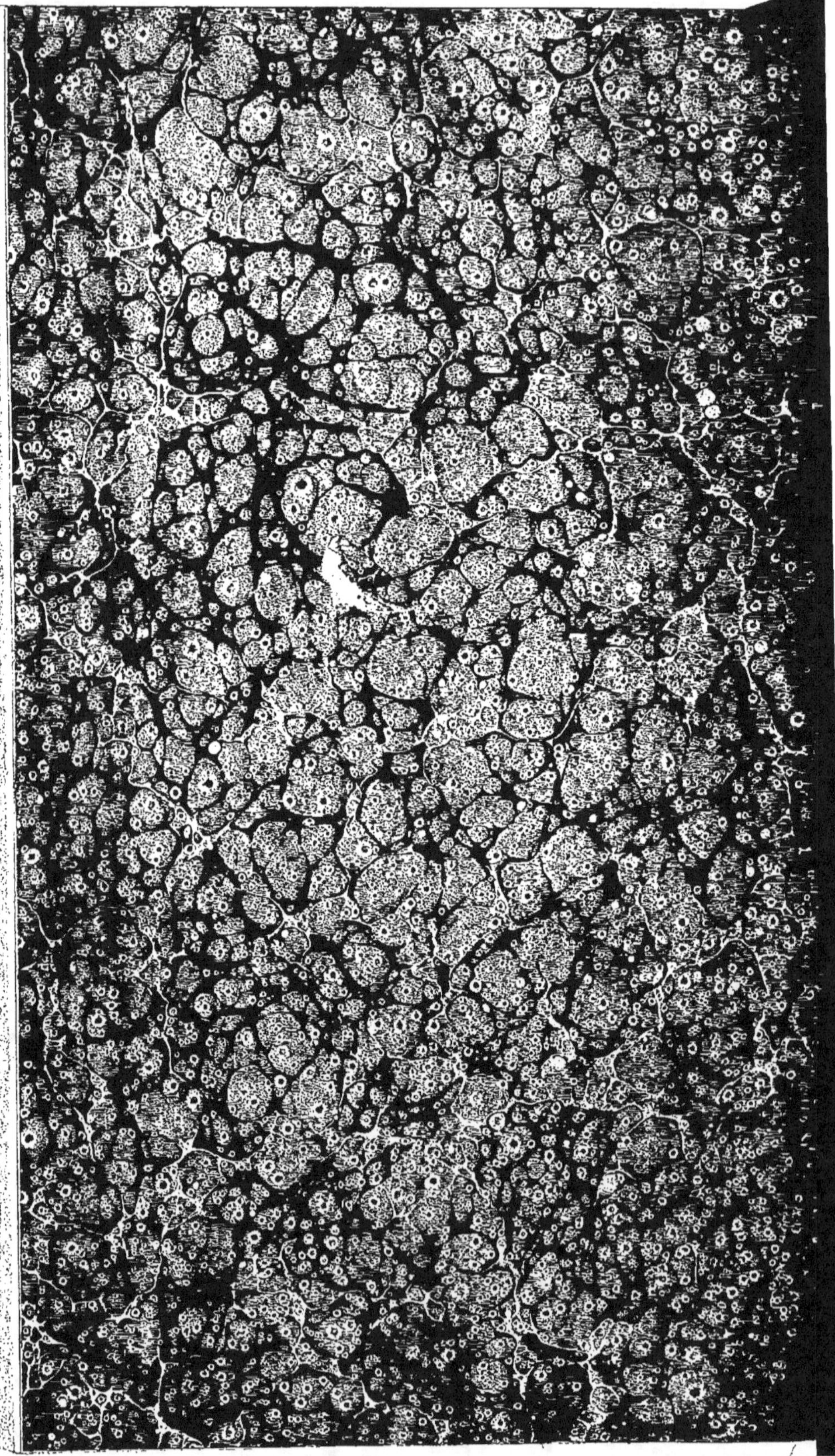

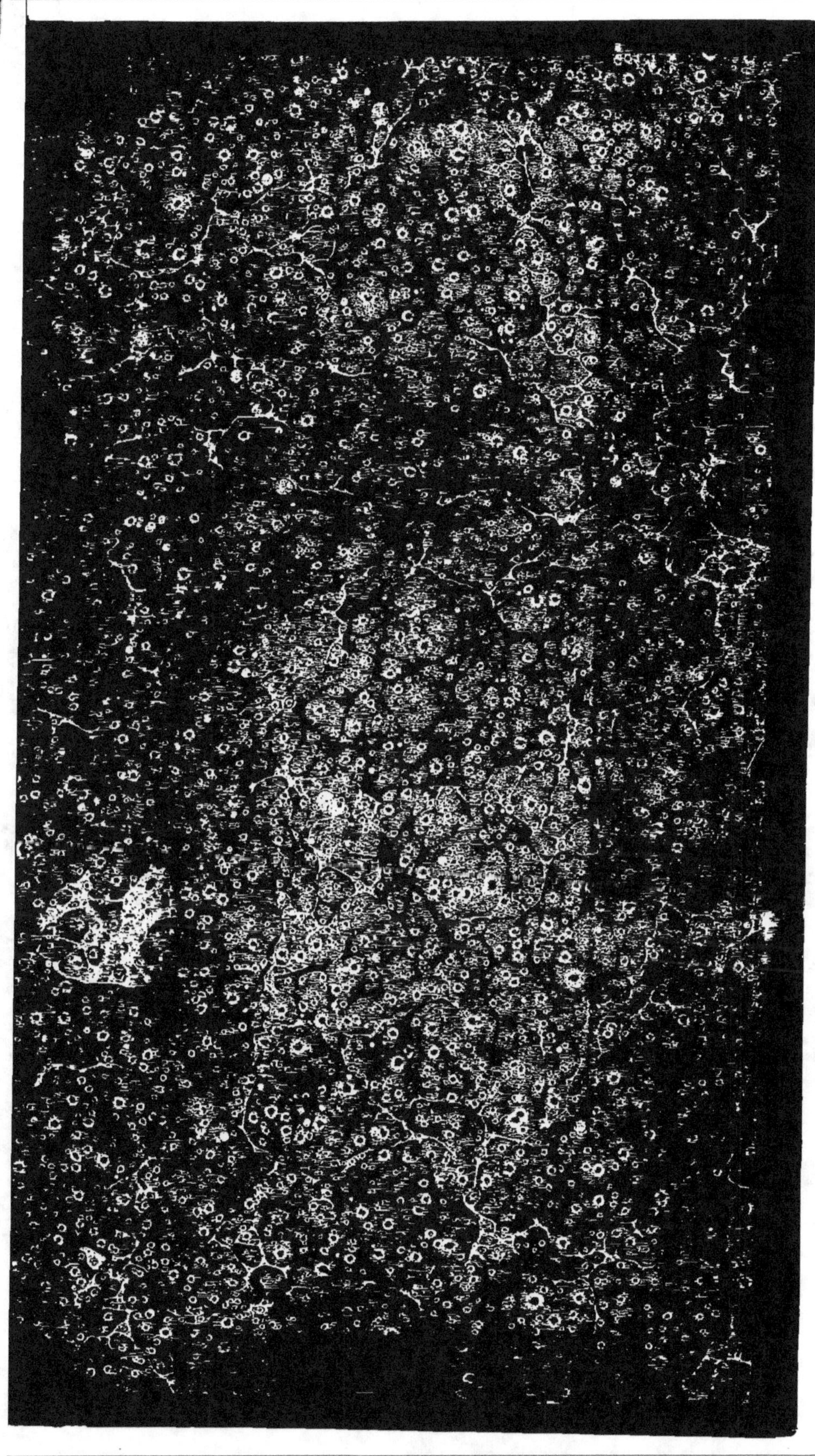